杭州市气象灾害风险区划

下册 雷电、强对流、大风、高温、干旱、低温积雪、雾霾灾害的风险区划

王国华　苗长明　缪启龙

宋　健　葛小清　杨育强　等 著

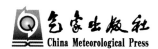

气象出版社
China Meteorological Press

内容简介

本书是《杭州市气象灾害风险区划》下册,介绍了杭州市雷电、强对流天气、大风、高温干旱、低温积雪、雾霾灾害的风险区划,并对气象灾害风险区划的技术方法进行了详细阐述。书中内容翔实,资料可靠,可供从事大气科学、水文、农业、环境保护和防灾减灾的部门和人员参考。

图书在版编目(CIP)数据

杭州市气象灾害风险区划. 下册,雷电、强对流、大风、高温、干旱、低温积雪、雾霾灾害的风险区划/王国华等著.

—北京:气象出版社,2013.3

ISBN 978-7-5029-5691-2

Ⅰ. ①杭… Ⅱ. ①王… Ⅲ. ①气象灾害－气候区划－杭州市

Ⅳ. ①P429②P468.255.1

中国版本图书馆 CIP 数据核字(2013)第 057844 号

Hangzhoushi Qixiang Zaihai Fengxian Quhua

杭州市气象灾害风险区划(下册)

王国华 等 著

出版发行:气象出版社

地　　址:北京市海淀区中关村南大街 46 号	邮政编码:100081
总 编 室:010-68407112	发 行 部:010-68409198
网　　址:http://www.cmp.cma.gov.cn	E-mail: qxcbs@cma.gov.cn
责任编辑:李太宇	终　审:袁信轩
封面设计:燕　彤	责任技编:吴庭芳
印　　刷:中国电影出版社印刷厂	
开　　本:787 mm×1092 mm　1/16	印　张:14
字　　数:360 千字	
版　　次:2013 年 5 月第 1 版	印　次:2013 年 5 月第 1 次印刷
定　　价:80.00 元	

序　一

　　杭州地处亚热带东亚季风气候区，是台风、暴雨、干旱、大风、雷电、冰雹、雾霾、雪灾、低温冷害、高温热浪等气象灾害以及积涝、山洪、滑坡、泥石流、空气污染、农林病虫害等气象次生灾害的易发区，是浙江省气象灾害较为严重的地区之一，具有灾害种类多、发生频率高、分布地域广、时空分布不均、强度大、损失严重等特点。据不完全统计，杭州市由气象灾害造成的损失占了自然灾害总损失的90％以上，对全市人民群众生命财产安全、农业生产、水资源、生态环境和公共安全等造成了极为严重的影响。因此，要把加强气象灾害防御工作作为政府履行社会管理和公共服务的重要职能来抓实抓好。

　　气象灾害风险区划是加强气象灾害防御工作的重要基础，也是一项全新的工作，对政府和公众做好防灾减灾规划、保证经济社会持续和谐发展有着积极的探索意义。在市委市政府的大力支持下，市气象局与南京信息工程大学合作编修了《杭州市气象灾害风险区划》，通过研究分析影响杭州气象灾害的时空分布特征，对各种数据和信息进行精细化的分析，划分了气象灾害综合风险区划，为科学防御气象灾害提供了较为翔实的实证分析和科学依据。

　　《杭州市气象灾害风险区划》编修工作的完成，可以进一步提高对于杭州市主要气象灾害的时空分布特征和发生规律的认识，有利于指导各级政府强化防灾减灾能力和应对气候变化能力，尽可能地减少气象灾害造成的损失。同时，也为各级气象部门和有关领域提供了气象灾害风险评估技术研究方法的参考，是一项对于科学指导全社会防灾减灾能发挥基础性、前瞻性作用的工程。希望充分发挥本书在全市防灾减灾、城乡公共服务均等化和区域经济布局规划中的基础性作用，加强本区划成果的宣传和应用，为杭州经济社会又好又快发展和统筹城乡科学发展作出重要的贡献。

杭州市人民政府副市长

2011 年 9 月 5 日

序　二

　　杭州是国际风景旅游城市、国家历史文化名城和长三角中心城市之一，也是气象灾害较严重的地区之一。近年来，在全球气候持续变暖的大背景下，各类极端天气气候事件发生更加频繁，气象灾害造成的影响和损失不断加重，气象灾害的突发性、异常性日益突出，严重影响和威胁经济社会发展和人民福祉安康。应对气候变化、加强防灾减灾，既是贯彻落实科学发展观的重要举措，也是全面建设小康社会、共建共享"生活品质之城"的现实需要。

　　气象灾害风险区划是科学做好气象防灾减灾的基础性工作。在杭州市委市政府的组织下，自 2010 年起，杭州市气象局牵头启动了气象灾害风险区划研究编制工作。一年多来，研究编制组对杭州历史上发生的气象灾害进行了普查分析，探索并借鉴了国内外气象灾害风险评估的先进方法，结合杭州的地形地貌、水系特征和社会经济情况，开展了精细化的气象灾害风险区划研究，并编制完成了《杭州市气象灾害风险区划》。全书利用气象灾害风险区划研究的前沿技术，揭示了杭州市各种气象灾害的地域风险和行业风险，是一项科学性、前瞻性、实用性、操作性都较强的研究成果。相信本书的编辑出版，必将为科学防御气象灾害，推进气象灾害防御工程性和非工程性设施建设及城乡规划、重点项目建设等提供实证分析和科学依据。

　　气象灾害防御是法律法规赋予各级人民政府的一项重要职责，也是一项关乎民生、关乎发展的系统性、战略性、综合性、科学性工程，需要在地方党委政府的领导下，组织、动员全社会力量共同参与。衷心希望杭州以《区划》的编辑出版为契机，不断增强气象监测预测预报能力、气象防灾减灾能力、应对气候变化能力和气候资源开发利用能力，积极推进"政府主导、部门联动、社会参与"的气象防灾减灾体系建设，全面提升防灾减灾的科技水平。

浙江省气象局局长 黎健

2011 年 11 月 8 日

前　　言

　　杭州各种气象灾害及次生灾害造成的损失占自然灾害总损失的90％以上，给国民经济、生命财产和生态环境带来重大影响。随着经济社会的发展，这种影响愈来愈大。气象灾害具有随机性、必然性，随着气候变化加剧，气象灾害将更加频繁、更为严重。在当前科学技术水平下，人类还无法消除和控制气象灾害的发生。做好气象灾害风险区划是一项十分迫切的基础性工作，为做好防灾减灾规划，保障经济社会持续稳定发展提供科学依据。杭州市气象局在杭州市政府的大力支持下开展了杭州市气象灾害风险区划工作，并取得了一定的成果。

　　这项工作是由杭州市气象局和南京信息工程大学应用气象学院共同完成。本书有两个特点：一是定量分析了杭州市各种气象灾害的致灾因子、孕灾环境、承灾体、抗灾能力及灾情，致灾因子采用极值概率统计方法进行分析，孕灾环境、承灾体和防灾能力采用空间化理论定量分析，灾情采用灰色关联及信息扩散方法进行分析，构建了基于模糊综合评价方法的灾害风险评估模型，在此基础上完成了各种气象灾害的风险区划；二是网格化分析了各种属性的数据和信息，构建了气象灾害风险空间化格网模型，实现各种气象灾害的风险区划精细化的网格表现。

　　本专著分上、下二册出版。上册主要是台风和暴雨洪涝的灾害风险区划，共分为八章；下册包括雷电、强对流、大风、高温、干旱、低温积雪、雾霾灾害的风险区划。下册总共分为七章，第 1 章 杭州市雷电灾害风险区划；第 2 章 杭州市强对流天气灾害风险区划；第 3 章 杭州市大风灾害风险区划；第 4 章 杭州市高温灾害风险区划；第 5 章 杭州市干旱灾害风险区划；第 6 章 杭州市低温、积雪灾害风险区划；第 7 章 杭州市雾霾灾害风险区划。

　　本专著（下册）由王国华、苗长明、缪启龙、宋健、葛小清、杨育强主编；参加编著的人员有：杭州市气象局周春雨、俞布、潘文卓、陈丽芳、徐娟、陈剑锋、范辽生，南京信息工程大学陶苏林、陈鑫、魏铁鑫、刘垚、黄慧琳、缪霄龙、黄丹莲、沈伟峰、齐运峰、段春锋。各章撰稿人如下：第 1 章由潘文卓、刘垚、周春雨撰写；第 2 章由俞布、齐运峰、魏铁鑫、黄丹莲、缪霄龙、陈剑锋撰写；第 3 章由陈丽芳、陈鑫撰写；第 4 章由徐娟、黄慧琳、范辽生撰写；第 5 章由周春雨、沈伟峰、陈鑫、范辽生撰写；第 6 章由俞布、齐云锋、陶苏林、陈丽芳撰写；第 7 章由潘文卓、陶苏林、缪霄龙、段春锋、徐娟撰写。全书由王国华、苗长明、缪启龙、宋健、葛小清、杨育强统稿和审稿。

　　本专著研究还得到了杭州市相关部门的协助和支持，并提供了大量最新资料，其中杭州市国土资源局和规划局提供了地理信息数据，杭州市林水局提供了水文资料，杭州市农业局、环保局、民政局和交通局提供了相关灾情资料，杭州市统计局和财政局提供了最新国民经济统计信息；此外，杭州下辖各县（市、区）局在书稿的形成和定稿中也提出了诸多宝贵意见，在此一并表示感谢。

　　由于作者水平所限，如存在不妥之处，诚恳欢迎指正。

作　者

2012 年 12 月 12 日

目　录

第1章　杭州市雷电灾害风险区划

据统计,全球平均每分钟发生雷暴天气达两千次,每年雷电灾害造成数万人身伤亡案例,直接经济损失达数十亿美元。雷电灾害已被国际电工委员会(IEC)称为"电子时代的一大公害"。雷电灾害已经成为危害程度仅次于暴雨洪涝、地质灾害的另一大气象灾害,严重威胁着社会公共安全和人民生命财产安全。

杭州市各级政府每年投入了大量的人力物力,旨在减轻雷电带来的灾害。杭州气象部门长期致力于雷电机理及预报方法研究,为雷电预报业务和防雷减灾工作提供了强有力的支撑。就目前的预报水平来看,尚不能实现雷电的精确预报,从而不可避免的对杭州市工农业生产造成危害。显而易见,雷电灾害评估与风险区划的研究,对于提高防雷减灾策略的针对性和效率具有重要意义。

雷电灾害风险区划的研究多以雷暴日资料为基础,仅考虑致灾因子与承灾体的影响对区域雷电灾害进行风险区划。本研究将以闪电定位仪及雷暴日资料为基础,从致灾因子、孕灾环境、承灾体和防灾能力四个方面全面分析区域雷电灾害风险,选取适当的雷电灾害风险评价指标,构建模糊综合评价模型分析杭州市雷电灾害风险的空间分布,为杭州市雷电灾害防御提供一定的科学依据。

1.1　资料来源

雷电资料:取自杭州市七个国家气象观测站(1953—2010 年)基本气象数据,包括每日天气现象电码记录,浙江省闪电定位系统的观测资料。雷电灾情研究资料:2000—2008 年杭州各县市雷电灾害的灾情损失数据,包括受灾人口、伤亡人口、损失农作物、直接经济损失等。

其他资料:杭州市地理信息基础数据,包括县市、乡镇行政区划,土地利用等数字化地图;杭州市 2009 年 1∶25 万 DEM 影像;杭州市 2008 年 1∶5万土地利用数据;土壤资料选用联合国粮农组织(FAO)和维也纳国际应用系统研究所(IIASA)构建的 HWSD 全球土壤数据,分辨率为 1 km。其中,中国区域的数据源自第二次中国土壤普查。杭州市 2005 年遥感影像(TM)。2000—2009 年逐月 NDVI 栅格数据源于美国国家地质调查局的免费数据网。

1.2　杭州市雷暴的气候特征

1.2.1　雷暴日资料统计

(1)雷暴日等级划分

由杭州市 1953—2010 年七个国家气象观测站逐日地面气象观测资料,取七站资料长度一致(1996—2010 年),全市年平均雷暴日数为 40.6 d,依据雷暴日等级划分标准,杭州市均属于高雷区。

根据《建筑物电子信息系统防雷技术规范》,地区雷暴日等级应根据年平均雷暴日数划分。地区雷暴日等级宜划分为少雷区、多雷区、高雷区、强雷区,应符合下列规定:

　Ⅰ 少雷区:年平均雷暴日 ≤ 20 d 的地区;

　Ⅱ 多雷区:20 d ＜ 年平均雷暴日 ≤ 40 d 的地区;

　Ⅲ 高雷区:40 d ＜ 年平均雷暴日 ≤ 60 d 的地区;

　Ⅳ 强雷区:年平均雷暴日 ≥ 60 d 的地区。

表 1.1　杭州市各站年平均雷暴日数及等级分布

站点	年平均雷暴日数/d	雷暴日等级
淳安	50.6	高雷区
富阳	34.3	多雷区
杭州	33.9	多雷区
建德	44.7	高雷区
临安	41.3	高雷区
桐庐	41.4	高雷区
萧山	38.1	多雷区

(2)雷暴日数年际变化

图 1.1 可见,根据杭州市 45 年的雷暴日数资料统计,杭州市各国家气象观测站年雷暴日数总体差异不大,杭州市 1960 年代到 1970 年代中后期为雷暴的高发期,1970 年代后期到 1990 年代中前期趋于平缓趋势,1990 年代中后期呈增多趋势。由单站的年际变化发现:淳安站 1975 年为雷暴日数最多的年份,但不是杭州市雷暴日数最多的年份,雷暴日数最少的分别是杭州站 1978 年、桐庐站 1988 年、富阳站 2001 年,均为 20 d;1966—2010 年各站平均雷暴日数为 40.6 d,1988 年为雷暴日数最少的年份,各站平均雷暴日数为 26.7 d,1975 年为雷暴日数最多的年份,各站平均雷暴日数达到 59.7 d。

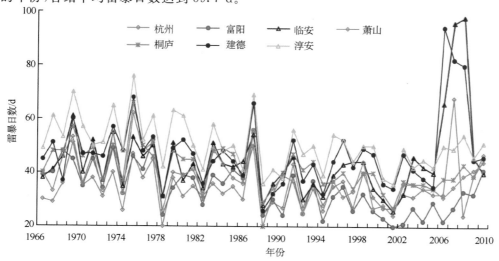

图 1.1　1966—2010 年杭州市雷暴日数年际变化

（3）雷暴日数年变化

由杭州市各站雷暴日数年变化可以看出，杭州市雷暴日数年变化的极大值通常出现在 7 月、8 月、9 月，极小值通常出现在 11 月、12 月、1 月，各站雷暴日数年变化特征基本一致，并且冬春交替时节出现一个小的峰值（图 1.2）。

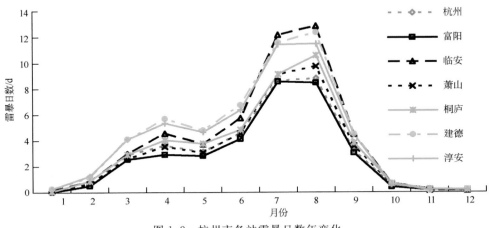

图 1.2　杭州市各站雷暴日数年变化

1.2.2　地闪资料分析

（1）地闪频次年际变化

由浙江省杭州市气象局提供的闪电定位系统的观测资料，其中包含时间、经纬度、雷流强度、陡度、误差以及算法的数据。这些数据均是通过闪电定位仪利用闪电回击辐射的声、光、电磁场特性来遥测闪电回击放电参数，并把经过预处理的闪电数据实时地通过通讯系统送到中心数据处理站实时进行交汇处理，全天候、长期、连续运行并记录雷电发生的时间、位置、强度及陡度等指标。

表 1.2　杭州市地闪频次年际变化

	正地闪频次/次	负地闪频次/次	总地闪频次/次
2008 年	1245	42629	43874
2009 年	771	34441	35212
2010 年	624	14630	15254

（2）地闪频次月际变化

由闪电定位系统观测资料，提取出 2008—2010 年杭州市地闪频次的月际变化（图 1.3）。可见，各月地闪频次趋势与雷暴日数月际变化基本吻合，反映的雷暴天气特征信息比较一致，即雷暴在 6—8 月为高发期；1、10、12 月极少有雷暴天气几乎不发生雷击事件。

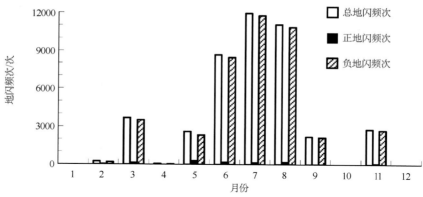

图 1.3　2008—2010 年杭州市地闪频次月际变化

（3）地闪频次日变化

从日变化图来看（图 1.4），2008—2010 年闪电活动主要集中在 12—23 时，在 2—10 时地闪最少，15—18 时出现地闪峰值，下午的闪电活动都较强烈，晚上的闪电活动一般是下午雷暴的继续，有的甚至持续到第二天凌晨。

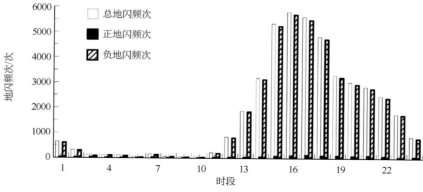

图 1.4　2008—2010 年杭州市地闪频次日变化

（4）地闪强度

负地闪放电过程是将云内的负电荷输送到地面的放电过程。虽然正地闪过程较少出现，但由于它的峰值电流和所中和的电荷量比一般的负地闪要大得多，因此正地闪的研究对于雷电防护工作是很重要的。正地闪强度高于负地闪强度，说明正地闪所释放的电荷量要多于负地闪，更易造成雷电灾害事故。

由 2008—2010 年杭州市地闪强度分布发现有偏态分布特征。大部分的负地闪强度集中于 20～70 kA 之间（图 1.5），该区间内负地闪频次占总负地闪的 93.83％；正地闪强度集中于 10～100 kA 之间（图 1.6），该区间内正地闪频次占总正地闪的 91.24％。

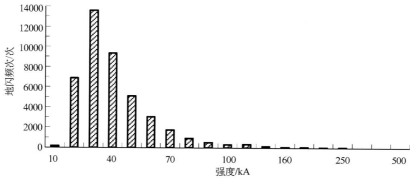

图 1.5　2008—2010 年杭州市负地闪强度分布

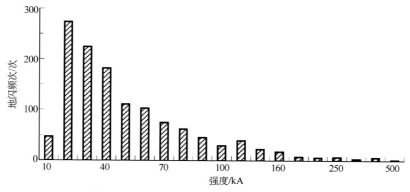

图 1.6　2008—2010 年杭州市正地闪强度分布

1.2.3　雷电灾害灾情分析

雷电灾害泛指雷击或雷电电磁脉冲入侵和影响造成人员伤亡,物体受损其部分或全部功能丧失酿成不良的社会和经济后果的事件。雷电灾害的损失包括直接的人员伤亡和经济损失,以及由此衍生的经济损失和不良社会影响。

杭州市气象局建立了杭州市雷电灾害(简称雷灾)数据库,表 1.3 给出了杭州市 2000—2008 年上报的雷灾概况,从表中可以看出雷灾事故上报数呈现上升趋势。2000—2008 年 381 例雷灾事件中造成了 13 人死亡,18 人受伤。统计人员伤亡雷灾中的雷击地点,最多的发生在农田,其次为建构筑物,以下依次为开阔地、水域、树下、山地等。

表 1.3　2000—2008 年杭州市历年的雷电灾情分布

年份	雷灾频次/次	受灾人数/人	死亡人口/人	受伤人口/人	直接经济损失/万元
2000	2	—	2	—	—
2001	29	—	—	—	42.965
2002	59	—	—	—	667.04
2003	50	220	4	4	148.03

（续表）

年份	雷灾频次/次	受灾人数/人	死亡人口/人	受伤人口/人	直接经济损失/万元
2004	46	1	1	—	97.17
2005	65	—	—	—	187.75
2006	84	1	1	2	290.54
2007	43	6	2	8	170.11
2008	3	—	3	4	—

（1）灾情时间变化

根据杭州各县市影响雷电的灾情记录结果，雷电对杭州的成灾形式包括受灾人口、死亡人口、倒塌房屋、直接经济损失、农作物受灾面积等类型。选取有代表性的受伤人数、死亡人数、直接经济损失三个指标刻画灾情程度。

表 1.4 给出了雷灾事故的年变化分布，可见杭州市除 12 月外雷灾事故全年均有发生，从 10 月到次年 2 月雷灾发生较少，这半年的雷灾事故发生低于全年的 5%；4 月、5 月相对 3 月雷灾有明显上升；6 月、7 月、8 月最高，占全年的 60%以上，9 月则有明显的降低。

表 1.4　2000—2008 年杭州市各市县的雷电灾情分布

月份	雷灾频次/次	受灾人数/人	死亡人口/人	受伤人口/人	直接经济损失/万元
1	7	—	—	—	5.1
2	6	—	—	—	7.94
3	21	—	—	—	118.62
4	47	—	—	—	644.49
5	32	1	1	—	96.88
6	62	10	6	6	159.22
7	99	6	1	5	290.16
8	85	225	5	6	254.21
9	23	1	—	1	29.86
10	2	—	—	—	0.3
11	4	—	—	—	0.7
12	0	—	—	—	—

（2）灾情空间分布

图 1.7 给出了 2000—2008 年杭州市各地区的雷电灾情，就雷灾灾情总数而言，淳安县发生的雷灾总数 79 例排在第一位，其后建德市、富阳市、临安市的雷灾总数也非常多。可见雷灾事故多发生在杭州市的西南部地区，雷灾事故相对发生较少的地区为杭州市东部地区。就雷灾造成的人员伤亡而言（表 1.5），对受灾人数、死亡人数、受伤人数 3 项而言，淳安县都位列前位，79 例雷灾造成 8 人死伤；雷灾人员伤亡严重的地区还有市辖区、萧山区、建德市、富阳市等

地区,而其他地区的雷灾人员伤亡数则相对较少,这种分布可能与各地区闪电活动强弱、人口基数多少有关。就直接经济损失而言,可以发现富阳市、建德市位列前 2 名,该值可能与经济发展程度和城市化程度有关,经济发达的现代化城市中直接经济损失的雷灾事故相对多。

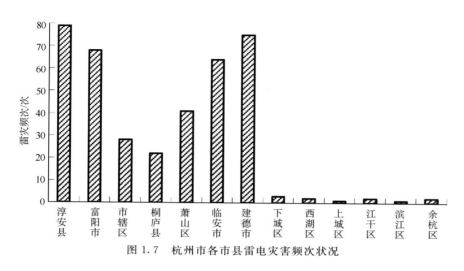

图 1.7　杭州市各市县雷电灾害频次状况

表 1.5　2000—2008 年杭州市各市县的雷电灾情分布

县区市	雷灾频次 /次	受灾人数 /人	死亡人口 /人	受伤人口 /人	倒塌房屋 /间	损坏房屋 /间	直接经济损失 /万元
临安市	64	3	1	2	—	—	146.155
淳安县	79	8	3	5	—	—	122.61
市辖区	25	7	3	4	—	—	9.14
上城区	1	—	—	—	—	—	0
下城区	3	—	—	—	—	—	0.2
萧山区	41	200	3	—	45	—	193.6
西湖区	2	—	—	—	—	—	—
江干区	2	1	1	—	—	—	—
滨江区	1	—	—	—	—	—	0.4
余杭区	2	—	—	—	—	—	—
桐庐县	22	20	—	—	—	50	171.25
建德市	71	3	1	2	—	3	282.55
富阳市	68	6	1	5	—	—	677.7

（3）雷电灾害灾度评价

　　“灾度”概念的提出是为了对不同灾害进行综合研究和系统防治,就其强度和破坏程度建立一个客观的、定量的等级标准,这个概念目前在国内灾害损失评估的研究中得到了较为广泛的应用。在雷电的损失评估中根据死亡人数、受伤人数、直接经济损失等指标作为划分灾害等级的划分标准,构建灾害的损失的评估模型,将灾害损失量化并评定灾害的大小。灾度概念的建立,将自然灾害损失的自然性与社会性以死亡人数、受伤人数、直接经济损失等指标为桥梁,把自然灾害的强度与社会对灾害的承受能力相互连接。它的重要意义在于建立了描述自然灾害损失等级划分的定量化标准,并且消除了不同评价指标之间的单位差别和表达分异,真正将三个评价指标相关联又能根据其权重或关联度反映各个指标的灾情特征。

1)确定雷电灾害分级标准

雷电灾害影响范围广,涉及社会经济发展的各个方面,如死亡人数、受伤人数、水库堤坝毁坏及电力通信中断等。这里我们基于雷电灾害特点和取得资料的详尽性,从雷电灾害影响范围、社会指标和经济指标综合考虑,选择以下三个方面作为主要分级指标。

Ⅰ 死亡人口数。包括因雷电灾害死亡人口,单位:人。

Ⅱ 受伤人口数。包括因雷电灾害受伤人口数,单位:人。

Ⅲ 直接经济损失。由雷电灾害造成的直接经济损失,单位:万元。

据上述分级指标,并结合杭州市国民经济发展水平、人口密度等,制定分级标准,把杭州雷电灾害大致划分为巨灾、重灾、中灾、轻灾、微灾五个等级(表1.6)。

表1.6 杭州雷电灾害灾情等级和单指标分级标准

指标	巨灾	重灾	中灾	轻灾	微灾
死亡人口/人	$>10^2$	$30\sim10^2$	$3\sim30$	$1\sim3$	0
受伤人口/人	$>10^2$	$30\sim10^2$	$3\sim30$	$1\sim3$	0
直接经济损失/万元	>30000	$15000\sim30000$	$2000\sim15000$	$200\sim2000$	<200

2)雷电灾害分级指标的函数转换

由于各指标物理意义和计量单位的不同,从而导致数据量纲的不同,使得不同数量级之间比较难以进行。因而,根据灰色原理,为便于分析,就需要在各因素进行比较前对原始数据作归一化处理,使不同指标的灾情等级划分标准取得统一,所以对分级指标先作相应的函数转换。转换函数依据雷电灾害单指标分级标准来构造,目的是使各单指标值都转换成(0,1)之间的值,并与5个灾害等级一一对应,即巨灾的所有单指标值都在(0.8,1.0)区间,重灾、中灾、轻灾和微灾的所有单指标值都分别在(0.6,0.8)、(0.4,0.6)、(0.2,0.4)和(0,0.2)区间。

在每个雷电灾害等级中,完全线性关系来确定其转换函数:

$$U(x) = \frac{(x - X_{\min}) \times 0.2}{X_{\max} - X_{\min}} + grade \tag{1.1}$$

其中 x 为指标的绝对值;$X_{\min}$ 和 $X_{\max}$ 为各等级中的最大值和最小值。$grade$ 为对应各个级别的最小值,如:巨灾、重灾、中灾、轻灾和微灾的 $grade$ 分别为 0.8、0.6、0.4、0.2、0。

3)灰色关联度模型的建立

通过以上的函数变换,将各个指标转换到0~1之间的无量纲数值,从而使各个评价指标之间具有了一定的可比性。本研究参照灰色关联分析方法,将三种评价指标综合起来,通过求取关联度系数来代表雷电灾度,进而对各市县雷电灾情进行等级划分。

依据灰色关联分析方法,设参考序列:$U_0 = (U_{0j})$,$(U_{0j} = 1, j = 1, 2, \cdots, m)$;比较序列:

$U_i = (U_{ij}), (i=1,2,\cdots,n; j=1,2,\cdots,m)$。其中 U_0 的含义为：各单项分级指标的转换函数值皆为 1，即属于标准的巨灾。以 $U_0 = (1,1,1,1)$ 为参考序列，$U_i = (U_{ij})$ 为比较序列，利用分别求算得到的转换函数值，根据下式：

$$\Delta_{0i}(j) = | U_0(U_{0j}) - U_i(U_{ij}) | \tag{1.2}$$

分别计算参考序列 U_0 和比较序列 U_i 的第 j 项指标的绝对差值。根据灰色关联系数的定义，引入参考序列与比较序列各单项指标间的关联系数：

$$\xi_{0i}(j) = \frac{1}{1 + \Delta_{0i}(j)} \tag{1.3}$$

由此可知，绝对差值越大，说明该单项指标与参考序列中同项指标的距离越大，则关联系数越小；反之，绝对差值越小，说明该单项指标与参考序列中同项指标的距离越小，关联系数就越大。由于 $\Delta_{0i}(j)$ 的取值区是 $(0,1)$，故关联系数的取值区间为 $(0.5,1)$。

在分析过程中，由于选择了 m 项指标，因此有 m 项指标的关联系数集中体现在一个值上，这个数值即为关联度。它是比较序列与参考序列中各项指标关联系数总和之平均值，反映比较序列与参考序列的关联（接近）程度。关联度越大，则说明灾情越重；反之，关联度越小，说明灾情越轻。采用等权处理的平均值法，用式（1.4）来计算关联度。

$$\gamma_{0i} = \frac{1}{m} \sum_{j=1}^{m} \xi_{0i}(j) \tag{1.4}$$

在本研究中，对于杭州雷电灾情评价选择了死亡人数、受伤人数、直接经济损失三种指标，采用等权处理的平均值法计算关联度 γ_{0i}，即：

$$\gamma_{0i} = \frac{1}{4} \sum_{j=1}^{4} \xi_{0i}(j) \tag{1.5}$$

表 1.7　雷电灾情指标关联度 γ_{0i}（灾度）

县区市	灾度	县区市	灾度
临安市	0.555	江干区	0.519
淳安县	0.602	滨江区	0.507
市辖区	0.527	余杭区	0.5
上城区	0.5	桐庐县	0.597
下城区	0.503	建德市	0.620
萧山区	0.566	富阳市	0.620
西湖区	0.5		

4）雷电灾情等级划分

由上述可知，灾害关联度（灾度）的大小反映灾情的轻重，因此，可以通过关联度的取值进行灾害等级划分（表 1.8），并根据灾害关联度从大到小的排序，即关联度序，得到各单元灾情轻重的比较关系。

表 1.8　雷电灾情等级划分标准

灾害等级	巨灾	重灾	中灾	轻灾	微灾
灾度(关联度)	0.9~1	0.8~0.9	0.7~0.8	0.6~0.7	0.5~0.6
灾情级别	5	4	3	2	1

为了检验灾度能否客观的反映雷电灾害三种评价指标的灾损程度,从而实现由灾度来表达雷电灾害灾情的强弱变化,通过求算灾度与各指标的相关关系来进行验证。结果表明:灾度和死亡人数、受伤人数、直接经济损失都存在着显著的相关关系,决定系数 R^2 最低达到 0.5 以上,并且通过 0.01 的显著性水平检验,说明灾度能够反映三个灾害指标的灾损程度,即能够用于对雷电灾害进行评价。通过对 2000—2008 年雷电灾害灾度的分析可以得到,杭州各市县雷电灾害较重的有淳安县、建德市和富阳市。

1.3　雷电灾害致灾因子危险性区划

地闪密度反映了研究区遭受雷电灾害的可能性问题。地闪强度反映了研究区遭受雷电灾害的概率大小问题,地闪强度越大的地区,遭受雷电灾害的概率也越大。利用 2008—2010 年杭州市闪电定位仪数据,运用网格法对杭州市雷电参数进行统计分析,对杭州市地闪密度空间分布和最大地闪强度空间分布信息进行提取,并加以研究。

利用 2008—2010 年杭州市闪电定位仪数据进行空间信息提取。主要步骤:①通过闪电定位仪数据中的经纬度信息将闪电作为点图元在地图上加载;②手工绘制覆盖整个杭州市的矩形网格,将其长度设为需要的矩形范围,并将其加载到杭州市地图上;③网格闪电密度统计指每个网格点内某时段发生闪电的频次,为节省在地图上所耗时间,使用每个划分好的网格直接到数据库中查出所需的闪电数量;④地闪密度空间分布:依照每个网格点内的闪电频次对每个网格点进行不同赋值,以区分不同值的网格点;⑤最大地闪强度空间分布:依照每个网格点内的地闪强度最大值对每个网格点进行不同赋值,以区分不同值的网格点;⑥雷电风险空间分布:通过分析地闪密度和最大地闪强度对雷电灾害贡献的大小,分别赋予一定的权重进行图层叠置,得到雷电风险空间分布。

1.3.1　地闪密度空间分布随时间的变化

从后文中 2008—2010 年杭州市午后时段地闪频次统计(图 1.8)结果显示,11—14 时地闪频次较之上午时段有所增加,直到 14—17 时地闪频次明显增加并达到峰值,随后 17—23 时地闪频次开始减少。地闪频次呈现明显的日变化特点是因为午后地表吸收太阳辐射而强烈加热,对流加强,水汽上升,易形成不稳定层结,有利于雷暴天气的发生。

1.3.2　地闪密度空间分布

从雷暴发生的地理位置分析得出杭州市雷暴多发区和地势有很大的关系。通过杭州市平均地闪密度分布图(图 1.9)可以看出,地闪密度低值区分布在中部平原,人烟稀少、高建筑物较少的郊区;地闪密度高值区则分布在富阳的西北部,余杭区的北部沼泽及四岭水库附近,萧山区水田周围,淳安县内千岛湖水域向陆地的过渡区。

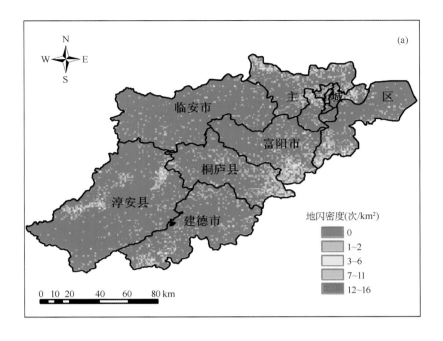

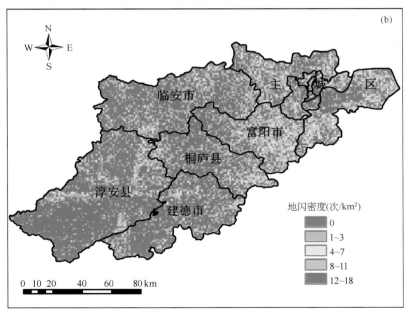

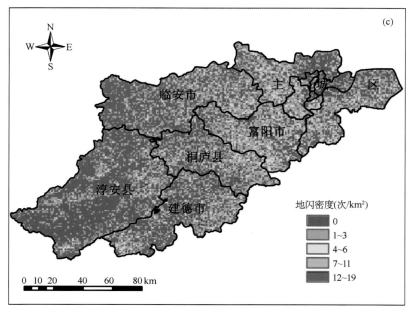

图 1.8 杭州市午后地闪密度随时间的分布

（a. 11—14 时；b. 14—17 时；c.17—23 时）

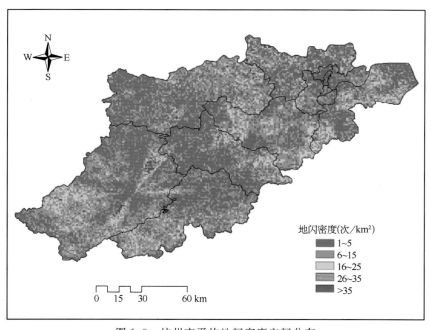

图 1.9 杭州市平均地闪密度空间分布

1.3.3　最大地闪强度空间分布

杭州市最大地闪强度空间分布(图 1.10)可以看出,最大地闪强度低值区基本分布在西南部平原,高建筑物较少的郊区;最大地闪强度高值区则分布在富阳的西北部,岩石岭水库及其支流,余杭区的北部沼泽及四岭水库附近,萧山区水田周围,淳安县内千岛湖水域向陆地的过渡区。

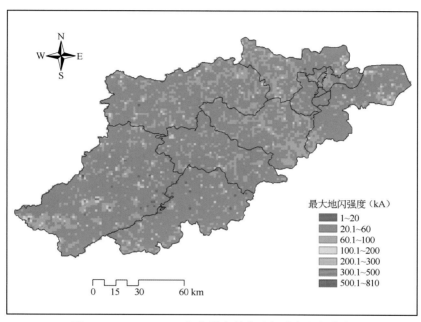

图 1.10　2008—2010 年杭州市最大地闪强度空间分布

1.3.4　雷电灾害致灾因子危险性分析

杭州市地闪密度分布表明其与地闪强度成反比关系。由此得出,地闪密度高值区发生雷电灾害的可能性虽然较高,但因为其地闪强度是相对的低值区,发生雷电灾害的概率就较低。将杭州市地闪密度空间分布(图 1.9)和最大地闪强度空间分布(图 1.10)对比分析得出,杭州市最大地闪强度空间分布图更能反映出雷电灾害发生的情况,所以本研究将以最大地闪强度的空间分布表征雷电风险。根据杭州市雷电灾害强度特征及发生规律,选择地闪密度及最大地闪强度代表雷电分量。

通过以上对致灾因子各影响因素的分析,并结合各种影响因子对杭州市致灾因子的不同贡献程度,运用 AHP 法设置相应的权重值,利用 GIS 的空间叠加工具,将地闪密度和最大地闪强度特征信息作为叠加图层计算致灾因子危险性。

杭州市雷电灾害高风险区主要集中在人口稠密的下城区、江干区、钱江南岸滨江区工业集中带,西湖区西部大岭水库、水塘坞水库一带,以及西部淳安千岛湖沿岸,富阳市大部、余杭区西部和钱塘江、富春江、新安江沿岸地区(图 1.11)。

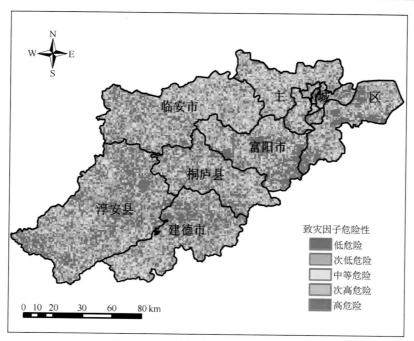

图 1.11　杭州市雷电危险性空间分布

1.3.5　杭州市雷电灾害重现期

　　根据杭州市国家气象观测站 1966—2010 年雷暴日数资料提取出各站逐年的雷暴日数。由于各站实际情况有所差异，依据选定的概率分布函数计算得出的各基本站雷暴日数重现期，间接反映了杭州市遭受不同等级雷电灾害的潜在可能性。从杭州市雷暴日数重现期（图1.12）来看各基本气象站概率曲线走向基本一致，表明杭州市在遭受一次雷电灾害时，各气象站受灾程度较已有受灾记录会有近乎相同的增减幅度，因为一次强雷暴天气过程空间水平尺度覆盖杭州境内上千平方米。淳安站、建德站指标基本处于其余各站之前，它们 5 a 一遇的可

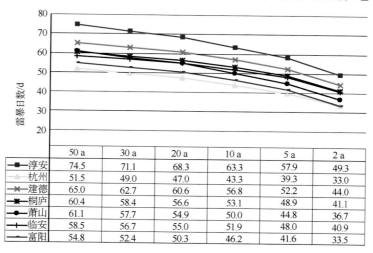

	50 a	30 a	20 a	10 a	5 a	2 a
淳安	74.5	71.1	68.3	63.3	57.9	49.3
杭州	51.5	49.0	47.0	43.3	39.3	33.0
建德	65.0	62.7	60.6	56.8	52.2	44.0
桐庐	60.4	58.4	56.6	53.1	48.9	41.1
萧山	61.1	57.7	54.9	50.0	44.8	36.7
临安	58.5	56.7	55.0	51.9	48.0	40.9
富阳	54.8	52.4	50.3	46.2	41.6	33.5

图 1.12　杭州市雷暴日数重现期

能雷暴日数可以达到 50 d 以上,30 a 一遇的可能雷暴日数可达 60 d 以上;杭州站指标则一直处在各站末位,50 a 一遇的可能雷暴日数为 50 d 左右;富阳站、临安站、桐庐站和萧山站指标则十分相近,50 a 一遇的可能雷暴日数在 50～60 d 左右。

1.4　雷电灾害孕灾环境敏感性分析

　　孕灾环境是指产生灾害的自然环境和人类环境,是区域环境演变时空分异对自然灾害空间分异程度的贡献。就雷电灾害而言,孕灾环境是指雷电灾害现场的局地自然环境和人类环境对雷电灾害形成和发展的贡献程度。孕灾环境敏感性评价是雷电灾害综合风险区划中较为重要的一部分。由于不同性质的雷电致灾因子产生于不同条件的孕灾环境系统,因此研究不同的雷电灾害需要通过对不同的孕灾环境进行分析,根据灾害类型、致灾强度、致灾频率选择合适的孕灾环境因子,并建立合理优化的指标组合和权重,利用环境演变趋势和敏感性试验来评价其对雷电综合风险的响应关系。

　　在雷电致灾因子作用下,由自然环境和社会环境所构成的孕灾环境,以及孕灾环境在空间上的差异性和规律性,主要影响因素包括:地形高程、地形起伏度、地形坡度、河网密度、植被覆盖度等。

1.4.1　海拔高度

　　一般而言,地形影响着大尺度下水热因子分布,地形海拔高度与雷电的关系也是密不可分的。广大山岭与平原交界处是雷灾多发区,在山区,坡陡较大,而到达平原地区时,坡度突减,引起电荷分布不均,使山区和平原交界处河道壅塞,故经常发生雷电灾害。因此地势较高比地势较低的地区更容易遭受雷电的侵袭,即绝对高程越高的地方,雷电危险性越大。

表 1.9　海拔高度等级划分及所占面积比例

海拔高度等级	1 级海拔	2 级海拔	3 级海拔	4 级海拔	5 级海拔
相对高度/m	2～167	167～354	354～573	573～877	877～1657
面积比重	41.3%	27.6%	18.1%	9.9%	4.1%

　　杭州全市海拔高度的自西向东区域差异性和过渡性十分明显(表 1.9 和图 1.13)。东部以平原区为主,包括杭州城区、余杭区、萧山市及杭州中部富春江、分水江、南沼溪、新安江及京杭运河沿岸地区,平均海拔相对较低,一般不足 50 m,这一地区由于海拔高度较低,而该区河网密集、湖库星罗棋布,因此发生雷电危险的概率最高。杭州中部丘陵、低山地区为平均海拔 500 m 以下的第二梯度区,集中在临安中南部、富阳西北部、建德西南部、以及淳安千岛湖沿岸部分地区。该地区地形复杂、地势悬殊,多低洼地、低丘盆地,发生雷电危险的概率较低。最后一级海拔高度梯度区为 1000 m 以上的高地、山峰,主要分布于杭州北部天目山脉、西南千里岗及南部龙门山一带。此类高海拔山地一般雷电灾害发生概率较高,但由于风速随高度的递增作用明显,加之高海拔地区无遮挡地物,因此,该区应该注意防范雷电大风的灾害风险。

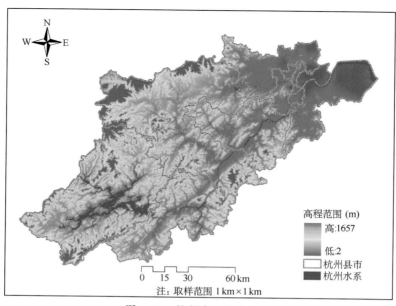

图 1.13　杭州市地形分布图

1.4.2　地形起伏度与坡度

　　一般认为,地形对雷电灾害的影响主要表现在两个方面:地形高程及地形变化程度,地形高程越低,地形变化越小,越容易发生雷电灾害。地形变化通常用坡度来表征,而实际上影响雷电灾害危险程度大小的是相邻范围地形起伏大小,故采用高程相对标准差来取代坡度。地形标准差越小,表明该处附近地形变化也越小,越容易形成雷电灾害。

　　图 1.14 给出了杭州市 1 km×1 km 分辨率的全市坡度分布特征。在雷电灾害危险性分析中需要考虑坡度的影响作用,坡度大小影响地表电荷分布,坡度越大,地表电荷分布越不均匀,越有利于雷电灾害活动。雷电灾害具有突发性、破坏力大等特点,一般形成雷电灾害的地形特征为中高山区,相对高差大,河谷坡度陡峻。

　　根据从杭州 DEM 中提取的坡度空间分布来看,坡度范围分布在 0°～57.7°之间,依据国际地理学联合会地貌调查与地貌制图委员会关于地貌详图应用的坡地分类来划分坡度等级(如表 1.10)。处于 15°～35°的陡坡是雷电灾害的易发区,占市域面积的 34.11%,且主要集中在临安北部天目山脉及西部大峡谷镇、清凉峰镇、湍口镇,淳安县千岛湖沿岸的大部分地区,桐庐县东南部的富春江镇、凤川镇以及富阳南部的湖源镇等。总体来看,全市范围各级别坡度差异大、且呈现区域性分布。

表 1.10　杭州地形坡度划分等级及所占面积比例

坡度	平原	微斜坡	缓斜坡	斜坡	陡坡	峭坡	垂直壁
等级	0°～0.5°	0.5°～2°	2°～5°	5°～15°	15°～35°	35°～55°	55°～90°
面积比例	25.33%	4.24%	7.35%	30.84%	34.11%	1.52%	0.01%

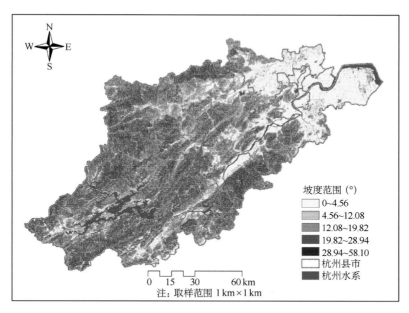

图 1.14　杭州市地形坡度分布图

1.4.3　河网密度

杭州市地处浙北沿海，地貌复杂多样，山脉纵横，河网密布，东北部的滨海杭州湾平原地势低平，平均海拔仅 3～6 m，且地表江河纵横，湖泊星罗棋布。钱塘江水系横贯杭州全市，自西南向东北流动，最后经杭州湾汇入东海。东北部有东笤溪、京杭大运河、萧绍运河和城区内的上塘河、余杭塘河、中河、东河、贴沙河等纵横贯穿。该地区一般为雷电暴雨多发区，且背山濒江、地势平坦，水网密集，一泻千里，是典型的雷电灾害易发区。

本研究根据距离河道、水库的距离，河网密度，并按河流级别以及河流所在地的地形状况将杭州的水系分布划分为 5 个等级。在此基础上，根据杭州土地利用数据提取其水系分布，然后按河流级别设置其缓冲区宽度，并利用 GIS 根据河网水系的缓冲区宽度计算其河网密度分布，最后将河网缓冲区密度图层与地形分级图层叠加得到杭州全市的河网地形特征属性，并将其转化为栅格图层，经合并后得到杭州市河网水系分布图(图 1.15)。

从杭州河网水系分布图可知：杭州东部地区孕灾等级较高，包括萧山区、杭州城区以及余杭市的大部分地区，这一区域河网密度较高，一旦发生雷暴天气时，易产生雷电灾害。同样的，富春江、分水江、千岛湖以及东苕溪流域也是孕灾等级较高的高风险区，这些河流大多处于地形复杂的山地丘陵区，穿行于崇山峻岭之间，河道天然落差大。

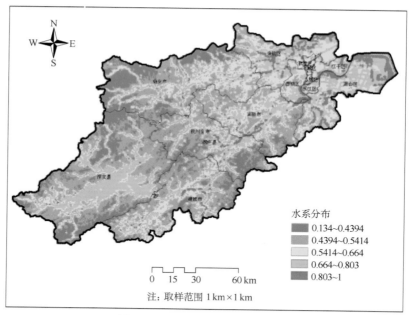

图 1.15　杭州市河网水系分布图

1.4.4　森林覆盖率

雷电灾害还与当地的地表覆盖类型、土壤土质以及森林覆盖程度紧密相关。同样一次雷暴天气过程,降落在高密度森林覆盖区和降落在裸露地表上,所产生的致灾效力是迥然不同的。考虑到植被覆盖密度在雷电孕灾环境中的重要性,为了定量的表达这一孕灾环境因子,本研究引用森林覆盖率的概念,即单位面积格网内的森林覆盖面积。

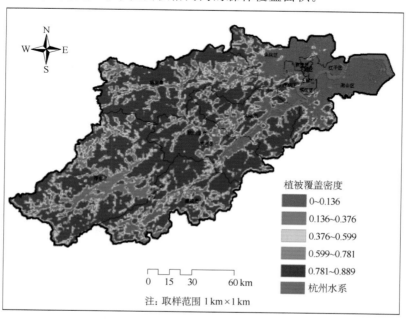

图 1.16　杭州市植被覆盖密度分布图

1.4.5　孕灾环境敏感性综合评价

通过以上对孕灾环境各影响因素的分析,并结合各种影响因子对杭州局地孕灾环境的不同贡献程度,运用层次分析法(AHP 法)设置相应的权重值,利用 ArcGIS 的空间叠加工具,将地形高程、地形坡度、地形标准差、河网密度、植被覆盖度分布等特征信息作为叠加图层计算孕灾环境敏感度,公式如下:

$$T = \sum W_i H_i \qquad (i = 1, 2, \cdots, n) \tag{1.6}$$

T ——孕灾环境敏感度;

W_i —— 第 i 个孕灾环境因子权重;

H_i —— 第 i 个孕灾环境因子图层。

在雷电致灾因子作用下,由自然环境和社会环境所构成的孕灾环境,以及孕灾环境在空间上的差异性和规律性。影响杭州市雷电灾害孕灾环境敏感性的因素主要有海拔高度、地形起伏度、河网密度和高密度森林覆盖。地形起伏程度越大,即局地地势有明显高差,一旦雷暴天气发生时,就容易出现雷电灾害;距离河道愈近的地方,河网密度越大,遭受雷电灾害侵袭的可能性愈大,即雷电灾害危险性越大。

综合孕灾环境各因子的影响,包括地形高程、地形起伏度、地形坡度、河网密度、植被覆盖度等,得到杭州市雷电灾害孕灾环境综合区划图(图 1.17)。千岛湖沿岸、富春江边及其支流沿岸、以及青山水库等零星水库附近都是雷电灾害环境非常脆弱的地区,而昱岭、天目山、千里岗山系及龙门山向阳坡、迎风坡均是环境较脆弱的地区。

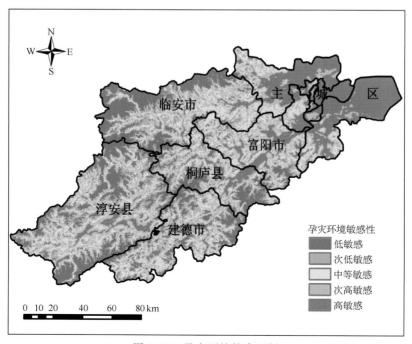

图 1.17　孕灾环境综合区划

1.5 雷电灾害承灾体易损性分析

承灾体就是各种致灾因子作用的对象,是人类及其活动所在的社会与各种资源的集合。承灾体的易损性评价是在对承灾体分类的基础上进行易损等级的划分过程,目的是为区域制定资源开发与减灾规划,防灾抗灾工程建设提供依据。

一般而言,承灾体的划分体系主要有两大类,即人类、财产与自然资源。人类在雷电灾害中的重要性不言而喻,没有人类受到影响的自然灾害过程不能称之为灾害,因此在灾害风险区划过程中,必须充分考虑雷电灾害对人类社会及人类活动的影响程度。

表 1.11　杭州各县市社会经济统计

各县市区	人口数/万人	生产总值/亿元	耕地面积/hm²	职工平均收入/元
杭州市	220.34	3789	3672	41501
萧山区	120.22	978	50240	31101
余杭区	83.74	502	30305	33135
富阳市	64.34	343	25895	32852
临安市	52.65	229	17054	30389
桐庐县	39.91	164	17810	29992
建德市	51.32	162	20312	36436
淳安县	45.13	93	26903	33897

根据杭州历次雷电灾损类型与雷电因子的关联度分析,选择能够基本反映区域灾损状况的人口密度、耕地密度、地均 GDP 以及道路密度因子作为易损性评价因素。一般人口密度大、产业活动频繁、耕地分布集中、道路分布密集的区域易损性等级也较高。

目前,承灾体易损性分析一般以行政单元为基础,从而可直接利用各类统计报表与年鉴数据。因此承灾体信息的空间化对于灾害风险评价研究具有重要价值。

1.5.1 人口、经济因子空间化

人口的空间分布是指一定时点上人口在各地区的分布状况,是人口过程在空间的表现形式。人口的空间分布是一种社会经济现象,既受自然因素的制约,又受社会经济规律支配。

由于以行政单元统计的人口数据主要以面状形式实现,缺少居民点数据,从而在进行人口信息提取过程中,常常需要用到辅助信息,例如,环境信息、气候、地形、土地利用等等。考虑到杭州地处江南水乡,雨水丰富、气候宜人。在人口空间化过程,根据杭州人口空间分布的关联状况,选择海拔高程、城镇用地、农村用地、地形坡度、林地、耕地以及草地、湖泊等土地利用类型作为人口空间化的影响因子。

考虑到人口分布与各影响因子很好的相关性特征。本研究以遥感解译的土地利用分布图为辅助信息,结合统计模型和表面模型的优点,采用复合面积内插获取杭州市的人口分布。获得人口分布的网格数据(图 1.18)。

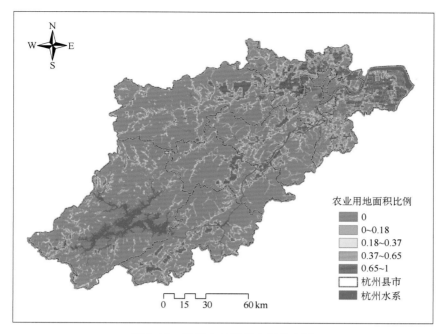

图 1.18　杭州人口密度空间分布图

杭州市的人口密度高值区域均能在空间化后的人口分布中得到体现,包括杭州市、余杭南苑街道和东湖街道以及萧山区的北干街道和新塘街道等,这些地区也是各县市城镇中心区域,主要以城镇土地利用类型为主,且平均海拔高度较低。另外,根据空间化后的人口分布可见,在乡镇人口统计中,人口密度不高的乡镇区域却在空间化后的人口分布中存在高值区,并且仅存在于该乡镇的部分区域,例如桐庐县桐君街道和淳安县千岛湖镇在乡镇人口密度分布中均属于中等级别,而在空间化后人口分布中,桐君街道的富春江沿岸和千岛湖镇西南部却归属为高密度人口区,其他区域人口密度一般相对较低。这说明乡镇人口分布已将全镇人口数据均匀化,而空间化后的人口分布凸显出乡镇区域内的空间人口差异性,并因此将人口分布精细化。

1.5.2　农业密度

农业是国民经济的基础,是社会经济发展的重中之重,而耕地又是农业发展的重要物质生产资料,是反映农业生产密集程度的主要指标。根据表 1.12,杭州各县市区具有不同的农业发展规模和农业产业布局,余杭市、萧山区以及淳安县、富阳市农业生产较为密集,临安市为典型的林业经济县市,余杭市的渔业养殖较为发达,而萧山区具有畜牧养殖的产业优势。因此,在雷电灾害农业土地利用的选择上需要考虑与各县市区较为相关的产业类型。

表 1.12　杭州市各乡镇农业发展统计

各县 (市、区)	农村劳力 /万人	粮食播种面积 /hm²	粮食产量 /t	农业产值 /万元	林业产值 /万元	牧业产值 /万元	渔业产值 /万元
江干区	6.27	1	11	19268	17	385	2865
拱墅区	1.72	90	717	5536	36	73	726

（续表）

各县 （市、区）	农村劳力 /万人	粮食播种面积 /hm²	粮食产量 /t	农业产值 /万元	林业产值 /万元	牧业产值 /万元	渔业产值 /万元
西湖区	8.78	3003	18652	20555	619	1891	29437
滨江区	5.24	578	2639	22057	17	2358	3770
萧山区	63.74	50240	272564	353643	8218	187822	64875
余杭区	44.71	30305	205832	233030	49510	99170	128702
桐庐县	20.65	17810	110009	122732	16270	48762	13435
淳安县	22.95	26903	116364	156644	35622	46847	19642
建德市	24.05	20312	111270	157949	12366	90974	17075
富阳市	32.44	25895	163126	199296	44689	79046	18326
临安市	28.71	17054	98900	98575	152781	70663	4575

　　由于雷电的致灾因素多,灾害涉及面广,受灾情况比较复杂,因此每年的雷电造成的灾害程度不一样。但是,就杭州市农业生产所对应的雷电风险承灾体而言,易损性较大的区域无非就集中在水田、旱田、茶园、苗圃、果园、农村居民点以及各种经济林木等土地利用类型。因此,本研究从土地利用数据中提取上述相关的土地类型,利用 ARCGIS 的 Fishnet 技术并将其进行 1 km×1 km 格网化处理,并计算单位格网内的农业用地面积比重,获得反映农业用地密集程度的农业用地面积比,最后将其做栅格化处理,最终形成可进行 GIS 空间叠置分析的栅格图层。

　　通过上述处理,最终获得农业用地密集程度空间分布图幅,如图 1.19 所示,杭州市的农业用地分布较为集中,萧山区、江干区东部、临安、富阳、桐庐中部,以及余杭大部均覆盖较为集中

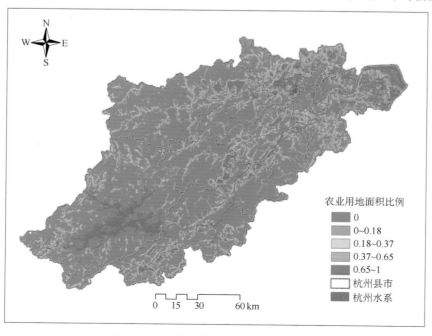

图 1.19　杭州农业用地密集空间分布图

的耕地,其单位格网内农业用地面积比重超过 0.7;淳安西北部、建德西南部耕地主要分布以旱地为主,且为零星覆盖,农业用地面积比重在 0.5 左右。临安、淳安、建德为杭州市经济林木主产区,该区域覆盖大面积的经济林和果园,如山核桃、茶叶、柑橘、杨梅等。因此,在叠加各种农业用地类型以后,反映出杭州农业用地高密集区主要分布在余杭、临安、萧山等地,且农业用地面积比重越大,雷电灾害易损性越高,雷电灾害风险越大。

1.5.3 道路密度

一般而言,山区具有地质构造活跃,新构造运动强烈,地貌类型多样,道路工程地质条件复杂等特点。而山区道路一般多沿河谷展线,顺山沿水展布的道路称为沿河线,例如沿钱塘江横贯杭州东西的杭千高速公路、富衢线和 320 国道,以及沿分水江流域将杭州市东西分割的桐千线也属于沿河线道路类型。由于山区河谷是在漫长的地质历史时期,由水流下切和侧蚀共同作用而形成的,断面呈 V 形和 U 形;且道路沿程为宽谷段和峡谷段相间,地形复杂。峡谷段坡陡流急,急流险滩交错,构造活动强烈,线路展布余地小,且输变电线路多在道路沿线。因此,一旦有雷暴天气发生,极易遭受雷电灾害,道路危险程度较高(图 1.20)。

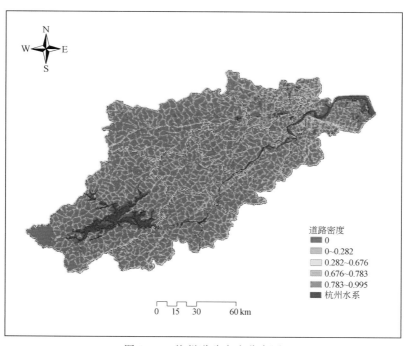

图 1.20 杭州道路密度分布图

1.5.4 承灾体易损性综合评价

通过以上对承灾环境影响因素的分析,选取人口密度、农业产值、农业用地比重、道路密度、地均 GDP 等因子作为易损性评价指标,并结合各影响因子对杭州台风灾害风险承灾环境的贡献程度,通过专家咨询,运用层次分析法(AHP 法)设置相应的权重值,并采用线性加权综合法建立易损性评价模型,利用下列公式计算承灾环境易损度:

$$H = \sum W_i R_i \quad (i = 1, 2, \cdots, n) \tag{1.7}$$

H—— 承灾体易损度；

W_i——第 i 个承灾体因子权重；

R_i——第 i 个承灾体因子图层。

承灾体的易损性评价是在对承灾体分类的基础上进行易损等级的划分过程，目的是为区域制定资源开发与减灾规划，防灾抗灾工程建设提供依据。综合承灾体各因子的影响，得到杭州市雷电灾害承灾体综合区划图(图 1.21)。具有人口密度大、工业集中、道路密度大三个因素共同影响的余杭区大部、富阳市东北部、西湖区北部、萧山区东南部以及桐庐县中部均属极易损地区；萧山区东北部、建德市东部、淳安县西北部、临安市区及中部地区或道路密度大，或农业用地集中，这些地方属于中等易损地区；而开阔的平原属于低易损地区。

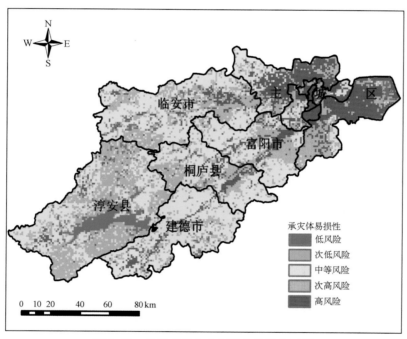

图 1.21　杭州市雷电灾害承灾体综合区划

1.6　抗灾减灾能力分析

防灾减灾能力表示受灾区在短期和长期内能够从气象灾害中恢复的程度，包括应急管理、减灾投入、资源准备、灾后恢复等，是灾害风险评价中不可或缺的重要因素。在充分肯定前人对自然灾害风险理论研究价值的同时，本研究也赋予了防灾减灾能力新的内涵。防灾减灾能力包括御灾能力、救灾能力以及恢复能力三部分。

1.6.1　杭州抗灾能力现状

杭州社会发展水平较高，经济总量较大，人口较为密集。截止 2008 年杭州市全市总人口超过 677 万，其中包括余杭、萧山区在内的城区人口共计 424.3 万，占全市人口的 62.6%，人口的高度集中也增大了防灾救灾的难度和强度。表 1.13 简要给出了受雷电灾害影响较为显著的社会各方面的经济和建筑情况。

表 1.13　杭州市统计特征

	工业生产总值/万元	建筑业生产总值/万元	人均 GDP/元	房屋建筑面积/万 m²	财政收入/万元
市区					
2000	2472434	664312	38248	497.64	970937
2001	4905291	925657	31784	698.29	1612225
2002	5682698	977000	35664	744.48	2235021
2003	7118029	1053971	41471	1325.47	2861459
2004	128.7	9045		1389.3	3488744
2005	10227382	1356101	57746	1389.3	4584112
2006	11820599	1433834	66476	1327.37	5484645
2007	13859374	1683396	78157	1355.43	6929667
2008	15830201	2084238	89805	1537.69	7991043
2009	15773546	2347375	95342	1374.61	8965758
2010	18654637	2797591	109708	1983.33	10988265
余杭区					
2000	680015	67385	17433	49.5	92581
2001	4905291	77744	19531	21.05	128083
2002	840717	95594	22025	23.51	172018
2003	994264	109922	25585	239.27	232078
2004	130.8	200		338.57	251608
2005	1451410	188332	35671	338.57	400279
2006	1888265	152439	42940	275.31	501800
2007	2312093	169091	51694	172.05	657800
2008	2642931	221629	60317	215.34	825000
2009	2532578	286059	62563	262.18	1000679
2010	3028390	362728	73567	349.69	1208196
萧山区					
2000	1180174	85048	19984	97.34	173728
2001	1500074	95051	24132	68.41	237799
2002	1881951	117858	29277	110.92	331973
2003	2376871	129800	35638	329.84	436765
2004	130.2	5210		455.93	385106
2005	3571682	256219	50301	455.93	642766
2006	4279143	282900	59262	434.68	838652
2007	5202707	313890	71442	411.32	1115757

（续表）

	工业生产 总值/万元	建筑业生产 总值/万元	人均 GDP/元	房屋建筑 面积/万 m²	财政收入/万元
2008	5943065	360475	81568	463.12	1267988
2009	5952753	424219	85986	366.77	1370808
2010	6978401	544372	100427	515.54	1822983

防灾工程建设,救灾物资的储备和供应,以及灾区的救灾组织和保障能力均需要政府对防灾救灾的大量投入,这些方面均是非政府部门所不能代替的。当然了,这种防灾投入一方面受限于当地的经济发展水平,而另一方面则受制于政府的防灾救灾意识和能力。因此,本研究从对医疗卫生和农林水利上的财政投入来反映灾区政府的防灾减灾能力的空间差异。

表 1.14   杭州 14 年财政投入统计

财政投入	农林水事务/万元	社会保障/万元	承保金额/万元	社会抚恤与社会 福利救济/万元
2008	209068	403099	329576107	—
2007	172820	299432	359695435	—
2006	138237	81434	192977760	60573
2005	118452	61093	246082250	51022
2004	95623	52909	164491264	39644
2003	80045	44595	79505902	29668
2002	66783	25678	52169508	21581
2001	20245	15961	62600109	16931
2000	40379	10103	44595845	13731
1999	32060	6767	—	10687
1998	26668	5489	—	9418
1997	24832	—	—	9153
1995	18206	—	—	8403
1994	15543	—	—	7387

1.6.2   雷电灾害抗灾能力指标

过去的灾害风险评价理论大多将抗灾性能划分为承灾环境易损性范围以内,甚至较少考虑。本研究认为随着雷电灾害的破坏强度和灾损程度逐渐加大,以及人类对灾害预测和灾害抵御能力的进一步提高,区域抗灾减灾能力理应在雷电灾害风险评价中扮演举足轻重的地位。例如以上分析灾害性天气预报的发布、对建筑结构及抗灾能力的优化设计、紧急救灾预案的制定、巨灾保险基金的建立、甚至是类似本研究的雷电灾害风险区划研究等,都属于抗灾能力的重要体现。

　　杭州市委市政府高度重视杭州市的减灾防灾建设,尤其是雷电防灾工作的规划和落实。一方面加强灾害预警和灾害监测。在科学研究的基础上,加快监测点的建设,加大监测点的密度,加强重点区域的监测,采取专业监测和群测群防点的监测相结合的方式,提高工作的精度、深度和广度,从而加强杭州的御灾能力的提升。杭州市气象局从 1999 年开始全面启动全市自动气象监测网的建设工作,气象站点逐年递增,截至 2009 年杭州市共布置自动气象站 291 个,覆盖杭州全县市及不同海拔高度,对准确及时地收集气象情报并提高天气预报能力起到了决定性的作用。

　　另一方面,杭州市逐年加大对农林水利等基础设施的财政投入,提高防灾工程强度,杭州市在社会保障、社会保险、社会抚恤与社会福利救济等方面均有较大资金投入。根据历年杭州市对农林水利事务、社会保障方面和社会抚恤与社会福利救济方面的财政投入来看,增长率逐年递增,反映出市委市政府对基础设施工程建设和防灾减灾落实上的重视程度。

表 1.15　杭州近 9 年防灾救灾能力指标统计

防灾救灾能力	基本医疗保险参保人数/万人	工伤保险参保人数/万人	参加农村合作医疗人数/万人	全市卫生技术人员/人	医疗卫生机构数/个	医疗病床数/个
2000	—	—	—	35487	1599	27166
2001	—	47.77	—	36643	1496	27063
2002	139.75	52.24	—	37193	1817	27609
2003	155.66	64.29	170.6	39019	1901	29144
2004	172.35	88.45	324.14	39816	1985	31738
2005	187.71	111.03	350.6	42353	2196	33251
2006	208.5	132.09	370.65	45375	2570	33972
2007	237.74	201.64	369.7	49780	2607	36928
2008	274.59	245.82	369.18	52379	2544	38114

　　此外,在与雷电灾害的长期斗争过程中,杭州人民不断总结雷电灾害管理的历史经验并着重加强防灾救灾能力的提高。近年来,杭州高度重视雷电灾害的政府组织救援和人民营救、自救的能力提高,并开展了多次相关的宣传教育和模拟演练。另外,杭州市经济基础较好,人均收入较高,市民参保比率也相对较高。同时,杭州市也加大医疗卫生技术人才的引进,兴建医疗卫生机构,加强救灾物资的储备和供应,从而使杭州在灾前防御、灾时救援以及灾后恢复等能力上均得到有力的保障。

1.6.3　抗灾减灾能力分析

　　随着雷电灾害的破坏强度和灾损程度逐渐加大,以及人类对灾害预测和灾害抵御能力的进一步提高,区域抗灾减灾能力理应在雷电灾害风险评价中扮演举足轻重的地位。本研究仅选择了统计年鉴中能反映防灾救灾能力特征的指标作为评价因子,如各县市农民人均收入、乡镇财政收入、医疗及工伤保险参保人数、医院病床位数、医疗救护人员数,以及对医疗卫生和农林水利上的财政投入。综合各种影响因子得到杭州市抗灾减灾能力图(图 1.22)。在叠加抗灾减灾能力综合图之前各评价因子均已经做了倒数处理，以便反映出抗灾减灾能力越强，遭受雷电灾害的风险越小。

表 1.16　防灾救灾能力指标权重

防灾指标	财政收入	农民人均收入	医疗工伤参保人数	医院病床位	医疗救护人员	医疗卫生财政投入	农林水利财政投入
权重值	0.0306	0.0266	0.0204	0.0163	0.0134	0.011	0.0091

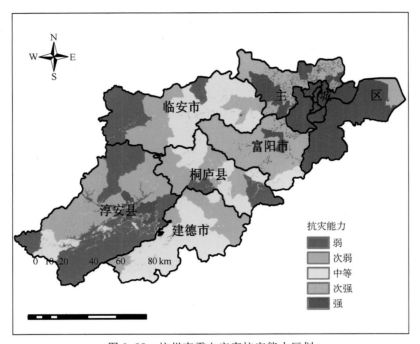

图 1.22　杭州市雷电灾害抗灾能力区划

　　西湖区大部、上城区、拱墅区以及滨江区是杭州市的中心地区，政府及各种医疗单位多位于此地，是抗灾能力强的地区；江干区、下城区、淳安县城区、余杭区和萧山区大部则属于抗灾能力中等和较强的地区。

1.7　雷电灾害综合风险区划

1.7.1　模糊综合评价法

　　模糊综合评价模型是以模糊变换理论为基础，以模糊推理为主的定性和定量相结合、精确与非精确相统一的综合分析方法，目前在多指标综合评价应用较广。本文通过 GIS 空间叠置技术，基于海量的多源栅格数据，建立了基于 GIS 的模糊综合评价模型，并实现了对雷电灾害风险的区划。

　　（1）模糊集合理论

　　经典数学中的普通集合对应于二值逻辑，表现为布尔代数，即对于元素×属于还是不属于某一集合,非常的明确,毫不含糊。查德(L. A. Zadeh)的模糊集合定义如下:论域 U 上的模糊集合 A,是以实值函数 $\mu_A(x)$ 为特征的集合,也就是说对于任意的 $x \in U$ 都有一个 $\mu_A(x) \in [0,1]$ 与之对应。μ_A 称为 A 的隶属函数,$\mu_A(x)$ 表示 x 对于 A 的隶属程度,其中 $\mu_A(x) = 1$ 表示 x 完全属于 A,$\mu_A(x) = 0$ 表示 x 完全不属于 A。由此可见,模糊集合由其隶属函数确定,隶属函数不过是经典集合中特征函数的推广。

(2)隶属度函数

隶属度用于表征元素的模糊性,是元素对模糊集合隶属程度大小的数学指标,因此,解决模糊问题的关键就是确定隶属度在处理涉及模糊概念的实际问题时一般要先确定隶属度函数,而隶属度函数往往又不能直接获得,这时往往使用推理的方法近似地确定隶属度函数,其确定过程从本质上来说是客观的,但不同的人对于同一个模糊概念的认识理解会存在差异,因此推理的过程容许有一定的人为技巧,有时这种人为技巧对问题的解决起着决定作用。尽管如此人为技巧应该是合乎情理的,不能有悖于客观实际。常见确定隶属度函数的方法有:模糊统计法,典型函数法,增量法,多项模糊统计法,择优比较法和绝对比较法。

(3)权重系数

确定权重的方法很多,主要包括专家经验估计法、调查统计法、层次分析法、模糊逆方程法、序列综合法等。上述方法中,层次分析法在确定权重系数方面的准确性相对较好,其所需数据量较少、评分花费的时间短、计算工作量小、易于理解和掌握,因而得到了广泛的运用。本文将采用层次分析法来确定各评价因子的权重,下面将着重介绍一下层次分析法的基本原理及其步骤。

1.7.2 层次分析法

层次分析法(The Analytic Hierarchy Proeees,简称 AHP)是一种比较简单可行的决策方法,其主要优点是可以解决多目标的复杂问题。AHP 法也是一种定性与定量相结合的方法,能把定性因素定量化,将人的主观判断用数学表达处理,并能在一定程度上检验和减少主观影响,使评价更趋于科学化。它可以为决策者提供多种决策方法,在定量和定性相结合中根据各个决策方案的确定标准权重数。鉴于上述的优点,本文采用 AHP 法来确定指标权重。运用层次分析法解决问题的基本步骤如下:

(1)建立递阶层次结构

应用层次分析法解决实际问题,首先明确要分析决策的问题,并把它条理化、层次化,构建递阶层次结构模型。层次分析法中典型的递阶层次结构一般由以下三个层次组成:

目标层(又称最高层):目标层只有一个元素,一般是分析解决问题时的预定目标、要求和理想结果等;准则层(又称中间层):准则层包括实现目标所涉及的所有中间环节,可以由若干个层次组成,根据具体情形,准则层下可以设子准则,子准则层下还可再设更小的准则等;方案层(又称最低层):方案层是满足预定目标、要求和理想结果时可供选择的各种措施、决策方案等。

准则层(子准则层)元素可以支配子准则层(方案层)的所有元素或是其中的部分子准则(方案层)元素。递阶层次结构中的层次数取决于研究问题的复杂程度及对结果要求的详尽程度,没有统一的规定。另外,各个层次中每个元素所支配的下一层次的元素不宜太多,因为支配的元素越多,它们中两两之间的相对重要性越是不容易判断。构建层次结构是层次分析法的第一步,其合理性直接取决于决策者对问题的认识程度,对问题的解决起着非常重要的作用。

(2)构造两两判断矩阵

在递阶层次结构中,如果下层元素对上层元素的重要性可以定量,其权重就可以直接确定;如果问题比较复杂,下层元素对上层元素的重要性无法直接确定,那么可以通过两两比较构造判断矩阵的方法来确定。其方法为:递阶层次结构中同一层次的两元素,对于上一层元素,哪个更重要,重要程度如何,通常用标度 1~9 来赋值。

设 C 为某一准则,支配的所有方案层元素为 $u_1,u_2,\cdots,u_n$,那么将准则 C 支配的 n 个方案之间进行相对重要性的两两比较,便得到一个两两比较判断矩阵 $A=(a_{ij})_{n\times n}$,其中 a_{ij} 表示方案 u_i 对准则 C 的重要性与方案 u_j 对准则 C 的重要性之间的比例标度。判断矩阵 A 具备以下性质:

$$a_{ij}>0;$$

$$a_{ij}=\frac{1}{a_{ij}};$$

$$a_{ij}=1。$$

一般地,一个 $n\times n$ 阶的判断矩阵只需做 $\dfrac{n\times(n-1)}{2}$ 次比较判断即可,其他的比较判断根据倒数关系可获得。另外,若判断矩阵 A 的所有元素满足 $a_{ij}\times a_{jk}=a_{ik}$,则称 $A=(a_{ij})_{n\times n}$ 为一致性矩阵。

(3)权重计算以及一致性检验

I. 权重的计算

判断矩阵 A 对应于最大特征值 $\lambda_{\max}$ 的特征向量 $\boldsymbol{W}$,经归一化后便得到同一层次相应因素对于上一层次某因素相对重要性的权值。计算判断矩阵最大特征根和对应特征向量,并不需要追求较高的精确度,这是因为判断矩阵本身有相当的误差范围。而且优先排序的数值也是定性概念的表达,故从应用性来考虑也希望使用较为简单的近似算法。

II. 一致性检验

完成单准则下权重向量的计算后,必须进行一致性检验。由于客观事物复杂性与人们认识多样性的存在,构造判断矩阵时,并不要求判断具有严格的传递性和一致性,即不要求所有的 $a_{ij}\times a_{jk}=a_{ik}$ 都成立,但判断矩阵应该满足大体上的一致性。例如,当 X 比 Y 极其重要且 Y 比 Z 极其重要时,如果得出 Z 又比 X 极其重要的判断,那么这种判断明显是不合理且违反常识的,判断矩阵的一致性偏离程度较大,可靠程度也就越低,因此必须要对判断矩阵的一致性进行检验,保证构造的判断矩阵具有较好的一致性,其一般步骤如下:

(i)计算一致性指标 $C.I$(Consistency Index),公式如下:

$$C.I=\frac{\lambda_{\max}-n}{n-1} \tag{1.8}$$

其中,$\lambda_{\max}$ 为判断矩阵 A 的最大特征根。

（ⅱ）查找平均随机一致性指标 *R.I*(Random Index)

表 1.17 是 1～15 阶正互反矩阵计算 1000 次得到的平均随机一致性指标。

表 1.17　平均随机一致性指标 *R.I*

矩阵阶数	*R.I*	矩阵阶数	*R.I*	矩阵阶数	*R.I*
1	0	6	1.26	11	1.52
2	0	7	1.36	12	1.54
3	0.52	8	1.41	13	1.56
4	0.89	9	1.46	14	1.58
5	1.12	10	1.49	15	1.59

（ⅲ）计算一致性比例 *C.R*(Consistency Ratio)，公式如下：

$$C.R = \frac{C.I}{R.I} \tag{1.9}$$

当 *C.R*＜0.1 时，认为判断矩阵的一致性是可以接受的；当 *C.R*≥0.1 时，应该对判断矩阵做适当修正。

（4）各层次元素的组合权重计算以及总的一致性检验

上述步骤最后的计算结果表示的是同一层次的各元素对支配其的某一元素的权重值。为了进行具体方案的选择，必须进一步计算最低层各元素（即方案层）对于目标的权重。一般地，最低层各元素对于目标的权重计算自上而下地进行，通过合成单准则下的权重的方法来实现，同时进行总的判断一致性检验。

1.7.3　雷电灾害综合风险区划

致灾因子、孕灾环境、承灾体及防灾能力的相互作用共同对雷电灾害风险的时空分布、易损程度造成影响，灾害形成就是承灾体不能适应或调整环境变化的结果，总之，在雷电灾害风险评价的过程中，这四者缺一不可。因此本文综合了影响杭州市雷电灾害的致灾因子、孕灾环境、承灾体及防灾能力，并运用已建立的 GIS 模糊综合评价模型将雷电灾害风险划分为低风险、次低风险、中等风险、次高风险及高风险五个等级，实现对杭州市雷电灾害风险的综合区划。

（1）区划指标集的确定

参考有关雷电灾害风险的研究成果以及对雷电灾害风险准则层（致灾因子、孕灾环境、承灾体及防灾能力）的深入分析，本研究选择地闪密度、最大地闪强度、高程、地形起伏度、河网密度、植被覆盖度、人口密度、农业产值、道路密度、地均 GDP、农业用地比重、财政收入、农民人均收入、医疗工伤参保人数、医护水平以及基础设施投入共 16 个影响因素为区划指标集。并且每个指标都是经过 GIS 空间处理后的栅格数据层，栅格分辨率为 1 km×1 km，即：

$$M = \{grid_1, grid_2, \cdots, grid_{16}\} \tag{1.10}$$

（2）区划指标等级集的确定

将杭州雷电灾害风险划分 5 个评价等级：低风险、次低风险、中等风险、次高风险及高风险五个等级，构成评价等级集：

$$N = \{n_1, n_2, \cdots, n_5\} \tag{1.11}$$

通过自然间断法将各风险影响因子进行间隔划分，每个栅格数据都有 5 个间隔点 D_1，D_2，D_3，D_4，D_5。以高程为例：杭州的高程范围为 $2 \sim 1657$ m，D_1，D_2，D_3，D_4，D_5 间隔点分别为 167 m、354 m、573 m、873 m、1657 m。其余风险指标间隔划分类似。

（3）隶属函数的建立

根据模糊数学的分段线性函数（降、升半梯形和三角形）来确定每一个指标 i 的隶属函数 F_i，每一级 j 的子隶属函数 f_i（如图 1.23 所示），对评价指标进行模糊子集划分，建立了相应的线性隶属函数：

$$F_i = \{f_1, f_2, \cdots, f_i\} \tag{1.12}$$

根据隶属函数，计算出 M 中的各指标相对评价集 N 各等级的隶属度，构成 $i \times j$ 阶隶属关系矩阵 $\boldsymbol{R}$：

$$\boldsymbol{R} = \begin{bmatrix} grid_{11} & grid_{21} & \cdots & grid_{i1} \\ grid_{12} & grid_{22} & \cdots & grid_{i2} \\ \vdots & \vdots & \vdots & \vdots \\ grid_{1j} & grid_{2j} & \cdots & grid_{ij} \end{bmatrix} \tag{1.13}$$

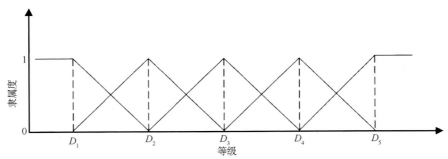

图 1.23　模糊分类的隶属函数

（4）确定区划指标的权重向量

杭州市雷电灾害风险评价指标体系的权重，本文通过 AHP 法来确定，计算方法在前面已经阐述。为了简便和快速的得到权重值，本文运用数据处理系统（Data Processing System，简称 DPS）计算杭州市雷电灾害评价体系各指标的权重，从建立层次结构模型到构造判断矩阵再到计算检验。并根据 M 中各风险评价指标的重要性，确定权重向量 $\boldsymbol{B}$：

$$\boldsymbol{B} = [b_1, b_2, \cdots, b_i] \tag{1.14}$$

表 1.18　杭州市雷电灾害风险区划评价指标权重

准则层	权重	评价层	权重
致灾因子	0.3134	地闪密度	0.1032
		最大地闪强度	0.2107

（续表）

准则层	权重	评价层	权重
孕灾环境	0.2832	高程	0.1186
		地形起伏度	0.0779
		河网密度	0.0525
		植被覆盖率	0.0309
承灾体	0.2837	人口密度	0.0880
		农业产值	0.0577
		道路密度	0.0777
		地均 GDP	0.0360
		农业用地比重	0.0224
防灾能力	0.1281	财政收入	0.0306
		农民人均收入	0.0266
		医疗工伤参保人数	0.0204
		医护水平	0.0297
		基础设施投入	0.0201

（5）加权合成

将模糊权重向量 B 与模糊关系矩阵 R 进行合成运算,利于 GIS 平台中的栅格叠置分析功能进行权重向量与隶属关系矩阵的合成运算,得到 5 个模糊综合评价结果向量栅格图像:

$$A = B \cdot R = [a_1, a_2, \cdots, a_5] \tag{1.15}$$

（6）结果向量处理

对结果向量 A 按最大隶属度取 $grid_{max}$,$grid_{max}$ 则隶属于评判等级 N 中的某个等级,就得到所需的模糊价值分类,即杭州市雷电灾害综合风险区划等级。

从雷电灾害综合风险区划图(图 1.24)中反映,杭州市雷电灾害风险等级与杭州各地雷电灾情分布状况是一致的。根据杭州市雷电灾害综合风险区划研究,可以看出杭州市雷电灾害风险整体分布态势从西南内陆区向东北沿海方向递增。

高风险和次高风险的区域主要分布在城区、余杭、萧山、临安东北市岭一带以及富春江沿岸地区。由于该区地处东部沿海,河网密布,水田众多,加之人口密度大,经济总量高,因此雷电灾害风险较高。然而正是由于经济发达,财政收入高,则基础设施完善,防灾能力较强,尤其是城区及萧山部分地区,其实际风险等级仅为次高及中等风险。

中等风险区域集中在中部地区,包括富阳、临安、桐庐以及建德南部山区。分水江和富春江流域以山地丘陵为主,受雷暴天气影响有发生雷电灾害的危险。但是,该区域经济发展迅速,并具有较强的防灾能力,所以雷电灾害风险较东北部地区低。

次低风险和低风险区域位于杭州中西部,主要分布于淳安、建德北部以及杭州中部部分地区。该区域大多是山区,经济相对欠发达,人口主要集中在基础设施良好的城镇,所以雷电灾害风险较东北部和中部地区低。

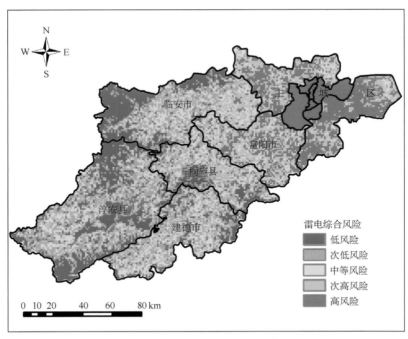

图 1.24　杭州市雷电灾害综合风险区划图

第 2 章　杭州市强对流天气灾害风险区划

强对流天气是大气对流活动旺盛、强烈发展的对流性天气,周后福、郑媛媛等著《强对流天气的诊断模拟及其预报应用》中定义由对流性风暴产生的天气现象称为对流性天气。其特点是空间尺度小,生命史短、突发性强,发展演变迅速、破坏性大,个别地方也会出现范围较大的强对流天气。

强对流天气一般包括短时强降水、雷暴(雷电)、雷雨大风、飑线、龙卷和冰雹等类型的对流性天气。本研究主要集中在短时强降水、雷暴(雷电)、雷雨大风、冰雹天气的分析讨论上。

短时强降水是指短时间内出现较强降水的天气,与暴雨、大暴雨有一定的区别,大范围、长时间的连续降雨不属于强对流天气,只有局地性的短时阵性降水才是强对流天气带来的强降水。浙江省的联防规定了短时强降水的标准为 1 h 降水量≥20 mm 或 3 h 降水量≥30 mm 或 6 h≥50 mm。本研究采用浙江省联防的规定。

雷雨大风是指在出现雷、雨天气现象时,风力达到或超过 8 级(≥17.2 m/s)的天气现象。全国自然科学名词审定委员会公布的定义为:雷暴是由于强积雨云引起的伴有雷电活动和阵性降水的局地风暴;在地面观测中是指伴有雷鸣和闪电的天气现象。

冰雹是从对流云中降落的由透明和不透明冰粒相间组成的固态降水。气象观测中规定,直径在 0.5 cm 以上的固体降水称为冰雹。

强对流天气易于在某些特定的地区形成和发展,如山脉两侧、海陆边界、湖泊周围、沼泽地带等,受下垫面的动力和热力作用的影响,各类强对流天气形成的物理过程是不完全相同的。在复杂多样的地形影响下,杭州市强对流天气分布不均匀。特别是 21 世纪以来,在全球气候变暖的背景下,面对人类对自然界"改造"能力的越来越强,异常天气和极端天气气候现象越来越频繁,由这些极端事件引起的后果也会加剧。杭州市经济发达,也是国际旅游文化名城,预防气象灾害一直是政府工作的一个重点,而电子信息、工程建设、西湖、千岛湖、富春江和高速公路、输变电线路建设等单位对强对流天气的预报预警提出了更高的要求。

对于强对流天气在国内外的研究大部分是关于强对流诊断、预报预警方法的研究,而关于强对流天气灾害区划的研究很少,强对流灾害作为一种严重的自然灾害,完全准确预报和阻止强对流灾害的发生并不现实,但若采用有效的灾害管理战略,则可避免或减轻其带来的巨大损失。本研究着眼于强对流灾害的时空分布特征,从危险性、敏感性、易损性、防灾能力和灾情分析五个方面出发,选择与强对流天气灾害关联度较大的风险评价指标,基于 GIS 技术进行多源、海量栅格数据分析并构建模糊综合评价模型,以 100 m×100 m 栅格为基本评价单元,定量表达杭州市强对流天气灾害风险的空间分布格局,以期为不同区域强对流天气灾害防御提供一定的科学依据。

2.1 资料来源

2.1.1 雷电

强对流天气中常常电闪雷鸣,并时有雷击灾害发生,在第1章中关于杭州市雷电灾害的风险评估的各个方面均有详细的介绍和阐述。在强对流天气灾害中凡涉及到雷电灾害的内容都直接使用第1章的分析与阐述。

2.1.2 短时强降水

结合研究背景中对短时强降水的定义,总结出以下短时强降水判别标准:1小时降水量≥20 mm 或 3 h 降水量≥30 mm 或 6 h 降水量≥50 mm 的一次降水为短时强降水。整理杭州市2000—2010 年 280 个自动站的气象资料(其中包括七个地面气象观测站中自动观测设备记录的每小时降水资料),其中 2004—2010 年各测站的 1h 降水资料较为完整,因此选用这 7 年的 1 h 降水资料作为分析短时强降水的统计资料。根据每小时的降水资料,可以得到杭州市2004—2010 年所有降水日,并得到当日降水量;再根据短时强降水标准,结合 1 h 降水量、3 h 降水量、6 h 降水量对这些降水过程进行逐层筛选得到较为完整的短时强降水序列。具体筛选流程如图 2.1。

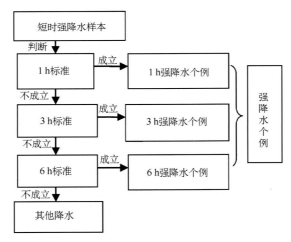

图 2.1 杭州市短时强降水筛选流程图

2.1.3 雷雨大风

选取强对流天气中的雷雨大风的原则是出现雷雨天气现象时,风力≥8 级(17.2 m/s)。选取资料较为完整的 2004 年至 2010 年杭州市 200 多个气象自动站以及七个国家观测站的气象记录数据,按照雷雨大风的特征筛选极大风速(每一小时内瞬时风速的最大值)≥17.2 m/s,为有雷暴且有降水记录的数据。

2.1.4 冰雹资料

杭州市七个国家气象观测站 1966 年至 2010 年的记录的天气现象代码中筛选出冰雹的天气现象代码(89),统计出冰雹发生的日期以及冰雹在该日的起始时间和终止时间。据统计:七个国家气象观测站资料最早的是杭州的 1951 年 1 月 1 日—2009 年 12 月 31 日,较晚的是临安站 1966 年 1 月 1 日—2009 年 12 月 31 日,我们以杭州市七个国家气象观测站 1966 年 1 月 1 日—2007 年 12 月 31 日为时间序列。最后我们可以依据筛选出的冰雹序列得到冰雹日数、冰雹持续时间等指标来描述冰雹灾害;由于冰雹出现的范围小,气象部门的测站很难全部观测到,故我们从民政部门调查的灾情数据中(1984 年 1 月 1 日—2008 年 6 月 18 日)提取出冰雹灾情的记录,如冰雹灾害日数,冰雹持续时间,冰雹最大直径等来描述冰雹灾害指标。

2.2　强对流天气气候特征

2.2.1　短时强降水

2004—2010 年,杭州市 1 h 短时强降水个例有 1256 例,3 h 短时强降水个例有 481 例,6 h 短时强降水个例 47 例。共发生 1784 例短时强降水。

(1)短时强降水的日变化特征

1)1 h 强降水的日变化

由图 2.2 可以看出:杭州市各地区 1h 强降水发生在 15:00—18:00 所占百分比最大,在 5:00—8:00 有一个次高峰,杭州和淳安较明显。按照日常预报服务中的规定,以 4 h 为 1 时段,将 1 d 分为 6 个时段,分别为 00—03 时(下半夜)、04—07 时(凌晨)、08—11(上午)、12—15 时(下午)、16—19 时(傍晚)、20—23 时(上半夜)。1 h 强降水多发生在下午至傍晚。

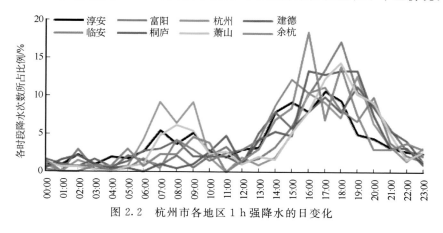

图 2.2　杭州市各地区 1 h 强降水的日变化

分析每个地区 1 h 强降水的日变化,1 h 的降水次数百分比最大发生的时间段分别为:富阳、桐庐及萧山地区为 17—18 时;杭州市和建德为 16—17 时;淳安为 16—17 时;临安为 14—15 时;余杭为 15—16 时。

2)3 h 强降水的日变化

各个地区的 3 h 强降水的时刻分布有所差别,但是各个地区 3h 强降水集中在 11 时—20 时,在 14 时—17 时达到最高(图 2.3)。萧山、临安、杭州、桐庐、建德、富阳和余杭次数百分比最大值都发生在 14 时—17 时。

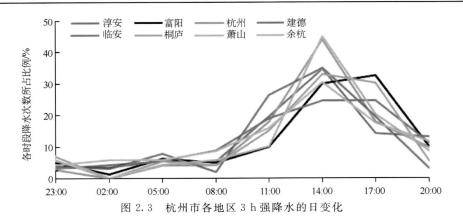

图 2.3　杭州市各地区 3 h 强降水的日变化

3)6 h 强降水的日变化

由于 6 h 强降水样本数量较少,仅有 47 例。将 6 h 强降水的发生时段按照人工观测的时段分成四个区间:02:00—08:00、08:00—14:00、14:00—20:00 和 20:00—02:00,统计数据发现:各个地区的 6 h 强降水的时刻分布规律大致一样,主要集中在 14:00—20:00 这一时间段。

综合 1 h、3 h、6 h 强降水的日变化特征,可以发现:短时强降水多发生在 07:00—09:00、14:00—20:00 这两个时段内,强降水集中在后一个时段,即午后至傍晚这一时段。

(2)短时强降水的变化特征

1)1 h 强降水的年变化

从杭州市各个地区 1 h 强降水次数的年变化图可以看出:杭州市 1 h 强降水的降水发生在 4—10 月,主要发生在 6—9 月,7 月、8 月为降水集中的月份,占全年降水次数的 35%～40%。11 月—次年 3 月基本上不会出现 1 h 强降水。

各地区 1 h 强降水的次数曲线基本叠合,反映的 1 h 强降水的次数年分布的特征比较一致。每个地区 1 h 强降水的年分布稍有差异:除杭州市区、萧山和余杭地区,1 h 强降水的次数百分比在 7 月达到最大,其余的地区降水次数百分比最大值都在 8 月份(图 2.4)。

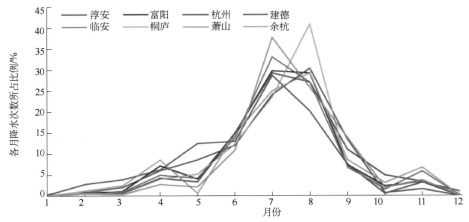

图 2.4　杭州市各地区 1 h 强降水的年变化

2)3 h 强降水的年变化

从杭州市各地区来看,3 h 强降水的强降水次数曲线趋势基本一致,反映的 3 h 强降水发生次数的月份分布也比较一致。可以看出 3 h 强降水主要发生在 4—10 月份,6、7、8 月份的降水次数所占的百分比较大,同 1 h 强降水相比,3 h 强降水的月份分布比较分散,1 h 强降水集中在 7、8 月,而 3 h 强降水则分散在 6—8 月份。这是由于本研究采用的强降水筛选方法在最大程度上规范了强降水事例,3 h 强降水是对 1 h 强降水的有效补充。

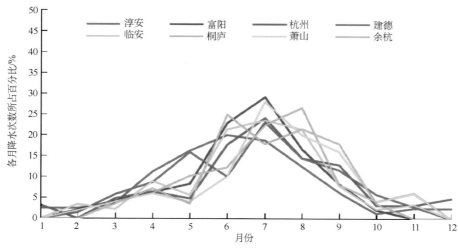

图 2.5　杭州市各地区 3 h 强降水的年分布

3）6 h 强降水的年变化

统计分析 6 h 强降水发现,杭州市各地区 6 h 强降水的年分布曲线趋势不尽一致,但各地区 6 h 强降水的多发月份集中在 5、6 月份。

综合 1 h、3 h、6 h 强降水的年变化特征,可以发现:短时强降水多发生在夏季的 7、8 月份,而 5、6 月份的梅雨期中也会出现强降水,主要表现为 3 和 6 h 强降水。整体而言,夏季 7、8 月为强降水多发期。

（3）短时强降水的年际变化特征

1）1 h 强降水年际分布

从 1 h 强降水的发生次数的来看,2004—2008 年,强降水次数逐年增加,2009 年降水次数较少,2010 年又有所上升。1 h 强降水的降水次数最大值出现在 2008 年的临安市,全年 1 h 强降水达了 22 例;次大值出现在 2008 年的富阳市,1 h 强降水达 21 例。2008 年为强降水多发年,全市范围内 1 h 强降水达 121 例（图略）。

2）3 h 强降水年际分布

杭州市各地区 3h 强降水次数 2004、2005 年较小,2005 年以后有增加趋势。降水次数最大值出现在 2008 年、2009 年的临安市,3 h 强降水次数达到了 16 次,2008 年为强降水多发年,全市范围内 3 h 强降水次数达 100 次。

3）6 h 强降水年际分布

杭州市 2004—2008 年 6 h 强降水年际变化规律不明显（图略）,2008 年各地区 6 h 强降水较多。6 h 强降水发生最多的是淳安,共发生了 5 例。

由于站点的建立时间存在差异,因此不能选取所有站点记录的降水数据,导致统计样本数目不够充足,统计反映出的强降水年际变化规律不是非常明显,综合 1 h、3 h、6 h 强降水年际变化特征,可以发现:2008 年是强降水的多发年,2009 年强降水的发生次数相比 2008 年减小,2010 年又有所增加。

(4)短时强降水的极值分布

1)1 h 强降水量降水极大值分布

1 h 强降水的降水量和过程降水量(图 2.6)。2005 年 9 月 3 日临安昌化自动站记录到最大的一次强降水,降水量达 434.7 mm,1 小时最大降水量达 145 mm。次大值为 2009 年 9 月 30 日萧山外二十七工段自动站记录到的一次强降水过程,降水量为 310.3 mm,1 小时最大降水量达 127.1 mm。2010 年 9 月 11 日,杭州白马湖自动站记录到一次强降水,降水 232.2 mm,1 小时最大降水量达 102.3 mm;2009 年 8 月 13 日,桐庐七里陇自动站记录到一次强降水,降水 214.7 mm,1 小时最大降水量达 107 mm;2008 年 5 月 28 日,淳安枫树岭自动站记录到一次强降水,降水 212.2 mm,1 小时最大降水量达 32.4 mm;2009 年 8 月 13 日,建德钦堂自动站记录到一次强降水,降水 183 mm,1 小时最大降水量达 73.5 mm;2009 年 8 月 10 日,富阳观测站记录一次强降水,降水 143.9 mm,1 小时最大降水量达 35.4 mm;2010 年 6 月 28 日,余杭星桥自动站记录到一次强降水,降水 98.4 mm,1 小时最大降水量达 52.8 mm。

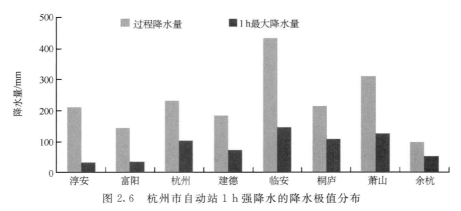

图 2.6 杭州市自动站 1 h 强降水的降水极值分布

2)3 h 强降水降水量极大值分布

3 h 强降水的降水量和过程降水量(图 2.7)。2008 年 6 月 10 日,临安双石自动站记录到一次强降水,降水 161.4 mm,3 h 最大降水量 50.7 mm,是 3 h 强降水中降水量最大的一次。2008 年 6 月 10 日,余杭塘栖自动站记录到一次强降水,降水 152.4 mm,3 h 最大降水量 48.6 mm;2007 年 10 月 8 日,萧山瓜沥自动站记录到一次强降水,降水 141.8 mm,3 h 最大降水量 46.3 mm;2005 年 9 月 11 日,富阳新关自动站记录到一次强降水,降水 137.4 mm,3 h 最大降水量 53.8 mm;2008 年 6 月 9 日,淳安白马自动站记录到一次强降水,降水 131.8 mm,3 h 最大降水量 34.4 mm;2008 年 6 月 10 日,杭州湖心亭自动站记录到一次强降水,降水 127.6 mm,3 h 最大降水量 38.7 mm;2010 年 7 月 15 日,桐庐旧县自动站记录到一次强降水,降水 120 mm,3 h 最大降水量 47.9 mm;2010 年 7 月 15 日,建德罗村自动站记录到一次强降水,降水 112.8 mm,3 h 最大降水量 43.7 mm。

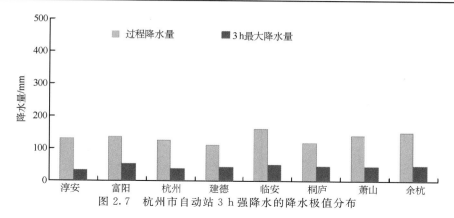

图 2.7　杭州市自动站 3 h 强降水的降水极值分布

3）6 h 强降水降水量极大值分布

统计分析 6 h 强降水的降水极值分布（图 2.8），可知：2008 年 5 月 27 日，淳安白马自动站记录到一次强降水，降水 275.8 mm，6 h 最大降水量达 63.5 mm，为杭州市范围内 6 h 强降水最大的一次。2009 年 8 月 9 日，临安天池自动站记录到一次强降水，降水 230.4 mm，6 h 最大降水量达 93.7 mm；2010 年 6 月 17 日，建德曲斗自动站记录到一次强降水，降水 136.5 mm，6 h 最大降水量达 58.6 mm；2010 年 3 月 2 日，余杭瓶窑自动站记录到一次强降水，降水 114.6 mm，6 h 最大降水量达 59 mm；2007 年 10 月 8 日，杭州俞章村自动站记录到一次强降水，降水 114.5 mm，6 h 最大降水量达 53.0 mm；2007 年 10 月 7 日，富阳安顶山自动站记录到一次强降水，降水 100.8 mm，6h 最大降水量达 54.8 mm；2006 年 5 月 9 日，桐庐钟山自动站记录到一次强降水，降水 79.9 mm，6 h 最大降水量达 53.4 mm；2007 年 9 月 18 日，萧山外二十工段自动站记录到一次强降水，降水 55.1 mm，6 h 最大降水量达 50.4 mm。

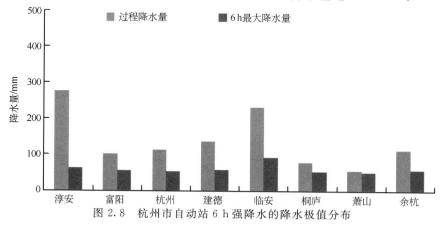

图 2.8　杭州市自动站 6 h 强降水的降水极值分布

（5）短时强降水持续时间

根据 1h 强降水的持续时间（图略），满足 1 h 强降水在整个强降水过程中大多只持续一小时。持续两个小时以上的满足 1 h 强降水的较少；有极少强降水持续 10 h 以上，但这类降水事例占总体的比例很小，不足 1%。总体而言，强降水还是集中发生在 1 h 以内。

（6）短时强降水个例的空间图

降水事例的描述如下：图 2.9a 所示，2004 年 6 月 25 日，07 时临安岛石发生短时强降水，

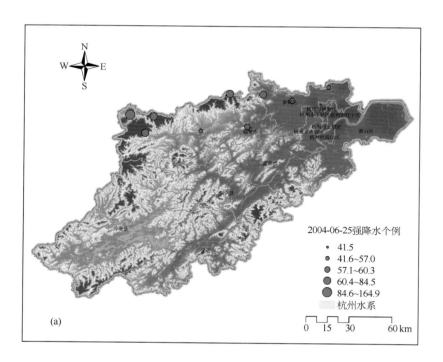

(a)

2004-06-25强降水个例

· 41.5
• 41.6~57.0
● 57.1~60.3
● 60.4~84.5
● 84.6~164.9
  杭州水系

0 15 30   60 km

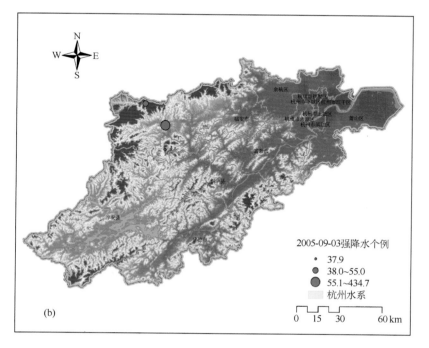

(b)

2005-09-03强降水个例

· 37.9
● 38.0~55.0
● 55.1~434.7
  杭州水系

0 15 30   60 km

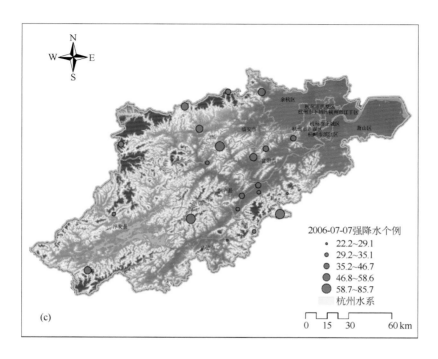

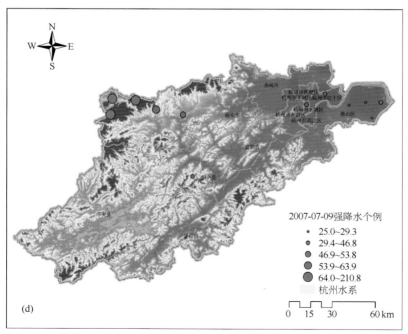

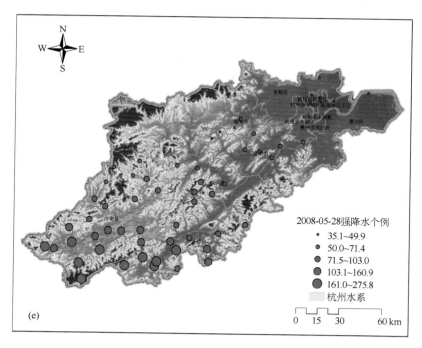

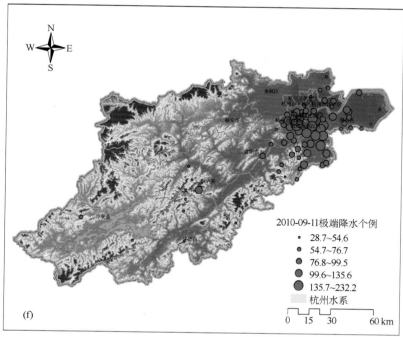

图 2.9　杭州市短时强降水个例

(a) 2004 年 6 月 25 日；(b) 2005 年 9 月 3 日；(c) 2006 年 7 月 7 日

(d) 2007 年 7 月 9 日；(e) 2008 年 5 月 28 日；(f) 2010 年 9 月 11 日

一小时降水达 39 mm,9 点以后全市普降暴雨,岛石出现 164 mm 特大暴雨。图 2.9b 所示,
2005 年 9 月 3 日,临安昌化街道 19 时到 23 时出现罕见的特大暴雨,3 小时降水量达到
445 cm。如图 2.9c 所示,2006 年 7 月 7 日下午 2 时 30 分开始,受强对流影响,万市、洞桥两镇
遭受短时暴雨袭击,短短两小时内,降雨量达 60 多 mm。如图 2.9d 所示,2007 年 7 月 9 日 20
时到 10 日 14 时全市范围内普降大到暴雨,局部大暴雨,其中岛石最大为 211 mm、天池
134.7 mm、清凉峰 133.3 mm、其余有 6 个自动站超过 50 m。如图 2.9e 所示,2008 年 5 月 28
日淳安、建德两地普降暴雨到大暴雨,降水分布南多北少,南部普遍有大暴雨,局部特大暴雨,
淳安县 25 个自动气象站中有 4 个的日降水量在 200 mm 以上,分别为白马、安阳、中洲、枫树
岭,白马站降水量最大,为 275.8 mm。如图 2.9f 所示,2010 年 9 月 11 日,杭州市区和萧山区
发生暴雨到大暴雨。降水集中于杭州市上城区、西湖区、滨江区和萧山区的南部。

2.2.2　雷雨大风

强对流天气的另一个重要表现是雷雨的同时伴随着大风,风力≥8 级(17.2 m/s)称为雷
雨大风,若伴随龙卷风则更可达 12 级以上,对建筑物、输电线路、庄稼、树木等有严重危害。

(1)雷雨大风次数的日变化特征

由图 2.10 反映出杭州市各地区雷雨大风在 14:00—20:00 所占百分比最大,次大值发生
在 10:00—11:00,富阳和淳安较明显。可见强对流天气中的 1 小时雷雨大风多发生在下午至
傍晚。

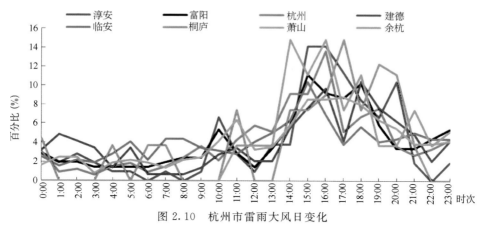

图 2.10　杭州市雷雨大风日变化

分析每个地区雷雨大风的日变化特征,可以看出杭州城区、余杭、萧山、淳安均在 15—17
时雷雨大风次数达到最大百分比;而建德在 18—19 时的雷雨大风次数百分比最大;临安在
14—15 时雷雨大风次数百分比最大。

(2)雷雨大风次数的年变化特征

从 2004—2010 年杭州市各区县雷雨大风的年变化可以看出,雷雨大风天气在 7、8 月为一
年中的高发时段,普遍在 7 月份达到最大值,最大值出现在杭州市区(累积次数达到 20 次),其
次是 8 月份,如富阳市的最大值出现在 8 月份。进入 9 月份后,各区县雷雨大风出现次数明显
降低(图 2.11)。

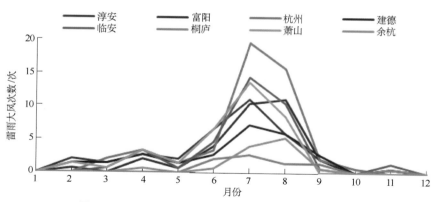

图 2.11　杭州市各地面气象观测雷雨大风次数年变化

（3）雷雨大风平均风速、极大风速的年际变化特征

规定：当某自动站在某日观测到 1 次或 1 次以上雷雨大风的标准时，都定义该自动站在该日只发生一次雷雨大风。同一地区不同站点同一日发生雷雨大风，记该地区发生一次雷雨大风。

由于时间序列较短，各地区雷雨大风平均风速年际变化差异较大，无明显规律，总体而言在 2008 年普遍稍低，2009 年稍高。分析各县市雷雨大风平均风速年际变化：余杭地区 2006 年最大风速达到 25.0 m/s；建德 09 年最大风速达到 23.3 m/s（图 2.12）。

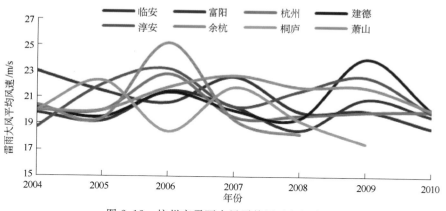

图 2.12　杭州市雷雨大风平均风速年际变化

图 2.13 是各地区雷雨大风极大风速年际变化图。分析各县市雷雨大风极大风速年际变化：淳安在 2006 年极大风速达到 52.2 m/s；杭州城区在 2006 年极大风速达到 40.3 m/s；萧山在 2008 年极大风速达到 37.7 m/s。

（4）雷雨大风持续时间

由图 2.14 所示：从整个杭州市来看，有 73% 的雷雨大风持续时间在 1 小时之内，17% 的雷雨大风持续时间在 1～2 小时内，5% 发生 2～3 小时内，4% 发生在 3～4 小时内，基本上没有持续时间 4 小时以上的。由此可以反映雷雨大风的生命史极短，影响的时间一般在 1～2 小时。

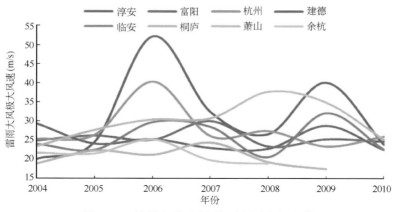

图 2.13　杭州市雷雨大风极大风速年际变化

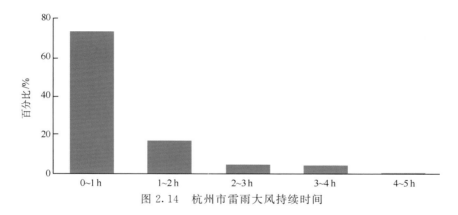

图 2.14　杭州市雷雨大风持续时间

（5）雷雨大风年均频次和年最多日数

国家气象观测站能够反映某一地区的气候特征，用各地区国家气象观测站统计各地区雷雨大风年均频次、年最多日数、雷雨大风平均风速、极大风速。

图 2.15 是杭州市各地面气象观测站雷雨大风年均频次和年最多日数。由图可知，杭州市各地面气象观测站雷雨大风年均发生日数最多的是临安（2.9 d），其次是富阳（2.3 d），发生次数最少的是杭州（0.7 d），其余各站都发生 1 d 左右。

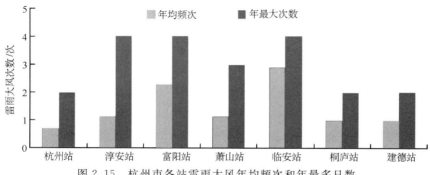

图 2.15　杭州市各站雷雨大风年均频次和年最多日数

杭州市各地面气象观测站一年内发生雷雨大风次数最多为 4 次，分别是：淳安（2005 年）、富阳（2005、2006 年）、临安（2004、2008 年），其他各站都为 2～3 d。

（6）雷雨大风极值分布

图 2.16 是杭州市各地区自动站雷雨大风的极大风速分布：不同市县自动站记录的雷雨大风极大风速相差较大，其中淳安地区文昌站于 2006 年 5 月 9 日记录到的一次雷雨大风风速最大，达到 52.2 m/s，杭州市区俞章村站于 2006 年 4 月 10 日记录到雷雨大风极值达到 40.3 m/s，萧山地区外六工段站于 2008 年 7 月 2 日记录到雷雨大风极值达到 37.7 m/s。

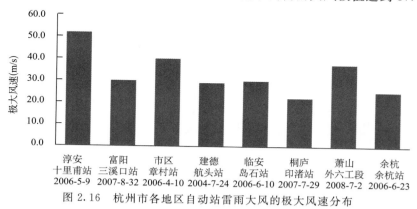

图 2.16　杭州市各地区自动站雷雨大风的极大风速分布

从图 2.17 杭州市各国家气象观测站的雷雨大风的极大风速分布可以看出：各国家气象观测站雷雨大风平均风速基本持平，都集中在 20 m/s。淳安站在 2006 年 6 月 10 日极大风速达 29.3 m/s。临安站在 2007 年 8 月 2 日极大风速 28.5 m/s。杭州站、建德站、桐庐站的极大风速较低，均未达到 25 m/s。

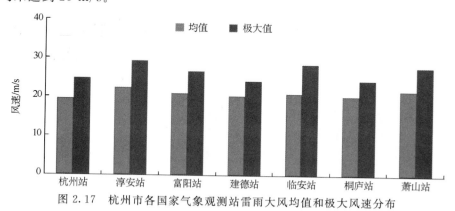

图 2.17　杭州市各国家气象观测站雷雨大风均值和极大风速分布

2.2.3　冰雹

冰雹虽然不是每次强对流天气都会发生的天气现象，但也常会在强对流天气发生时在一些局部区域形成，冰雹对生命和农作物、果树产生严重影响。

（1）冰雹次数日变化特征

杭州市七个国家气象观测站除了杭州站是基本站（昼夜守班），有比较全的冰雹起止时刻的记录，其余六个测站夜间均没有记录冰雹的起止时间，仅有天气现象记录。所以我们先统计白天(08—20 时)的冰雹次数。(下面所用的数据均为观测站中筛选出的冰雹次数,据统计 1966 年到 2007 年中除了 2005 年,其他年份数据较全)。

从整个杭州市分析(图 2.18),冰雹出现频率最大值出现在 15—16 时,多年累积次数达到 14 次;其次是 14—15 时,多年累积冰雹次数达到 7 次;最小值出现在 8—9 时,有 1 次冰雹 发生。

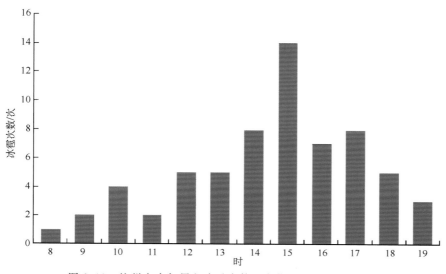

图 2.18　杭州市多年累积冰雹次数日变化(1966—2007 年)

图 2.19 绘制了七个国家气象观测站多年累积的冰雹次数日变化图,由图可以看出:冰雹 在 15—16 时除了建德没有发生冰雹,其余六个测站均发生了冰雹现象。杭州站和桐庐站最大 值出现在 15—16 时,都发生了 4 次冰雹;其余站的冰雹次数较少,都在 4 次以下。

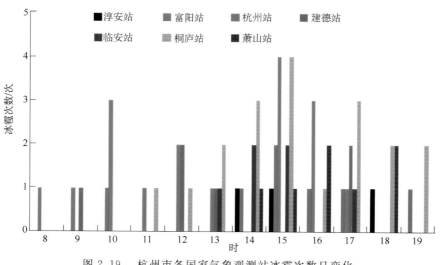

图 2.19　杭州市各国家气象观测站冰雹次数日变化

夜间也是有冰雹产生的,分析杭州站多年的冰雹次数日变化(图2.20),可以看出在夜间4—5时多年发生了1次冰雹现象。

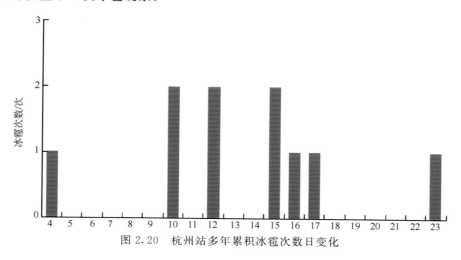

图2.20　杭州站多年累积冰雹次数日变化

(2)冰雹次数年变化、季节变化、旬变化特征

1)冰雹次数年变化

从整个杭州市分析(图2.21),杭州市42年冰雹次数各月的频率不一样,最大值出现在三月份(冰雹次数达到了19次);其次是四月份(冰雹次数达到了7次);最小值一月、九月、十二月份,没有发生冰雹现象。

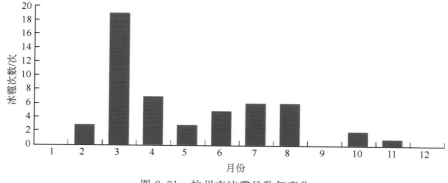

图2.21　杭州市冰雹日数年变化

尽管整个杭州市的冰雹在三月份发生的频率最大,分析杭州市各国家气象观测站冰雹次数的年变化分布(图2.22),除了临安站最大值出现在8月份和萧山站最大值出现在6月份,其余测站最大值均出现在3月份。3月份有七个测站都发生了冰雹发生,4月份有五个测站都发生了冰雹。

2)冰雹次数季节变化

由图2.23可知,杭州市降雹的季节性明显,冰雹多出现于春季,春季冰雹出现的日数为29日,占总冰雹日数的55.7%,其次是夏季型冰雹,占总冰雹日数的32.9%,秋冬季节的冰雹次数较少,占总冰雹日数的5.7%。

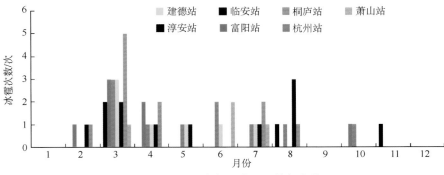

图 2.22　杭州市各站冰雹日数年变化

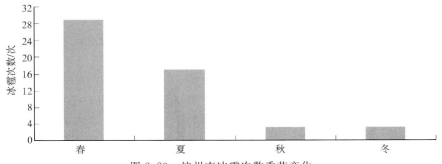

图 2.23　杭州市冰雹次数季节变化

同时分析 7 个测站的特点,表 2.1 可以清晰的看每个国家气象观测站冰雹发生的月份,发生频率最大的月份,即各国家气象观测站逐月冰雹次数占该测站全年的比例最大的月份。由下表可以看出夏季型,以萧山站位代表,该地区冰雹天气在六月份出现的频率最大。

表 2.1　杭州市各站冰雹日数年变化和季节变化

测站	冰雹发生的月份	冰雹发生频率最大的月份
临安站	2、3、4、5、7、8 月	3、8 月
杭州站	3、4、5、6、7、8、10 月	3 月
桐庐站	2、3、4、7、8 月	3 月
富阳站	2、3、4、10 月	3 月
淳安站	3、8、11 月	3 月
建德站	3、4—7 月	3 月
萧山站	3、4、6、7 月	6 月

3)各国家气象观测站冰雹次数旬变化

由图 2.24 从整个杭州市分析,杭州市冰雹发生的旬总共有 19 个旬,分别是 2 月中下旬、3 月中下旬、4 月三个旬、5 月上旬、6 月三个旬、7 月三个旬、8 月三个旬、10 月上旬、11 月上旬、12 月下旬,其他旬没有发生。杭州市 42 年冰雹次数各旬的分别频率不一样,最大值出现在 3 月中旬,其次是 3 月下旬。

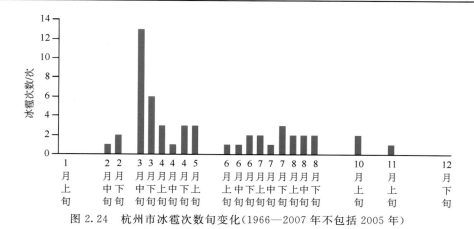

图 2.24　杭州市冰雹次数旬变化(1966—2007 年不包括 2005 年)

从各测站逐旬的冰雹次数旬变化来看(图 2.25),除了临安站在第 22 旬(八月上旬)的冰雹发生频率最大,其他的大部分测站都在第 8 旬(三月中旬)发生的概率最大,其中(表 2.2 可以看出每个测站发生冰雹概率最大的旬)五个测站在第 8 旬均发生冰雹,二个测站在第 9 旬发生冰雹。

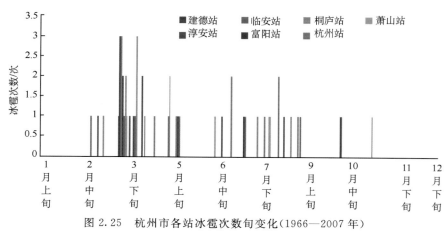

图 2.25　杭州市各站冰雹次数旬变化(1966—2007 年)

表 2.2　杭州市各站冰雹次数的旬变化特点

测站	冰雹发生的旬总个数	冰雹发生频率最大的旬
淳安站	3	3 月中下旬、8 月中旬、11 月中旬
富阳站	4	3 月中旬
杭州站	7	3 月中旬
建德站	6	3 月中旬
临安站	8	8 月上旬
桐庐站	7	3 月下旬
萧山站	3	3 月中旬、6 月上旬、8 月中旬

(3)冰雹次数年际变化

由图 2.26,从整个杭州市分析,我们可以发现在 1998 年总冰雹日数为 9 次,达到最高;

1988 年总冰雹日数为 8 次,达到次高;1968、1969、1975、1980、1982、1984、1990、1991、1993、1994、1997、1999—2002、2004、2006 年为冰雹次数最少的年份,各站均没有发生冰雹现象。

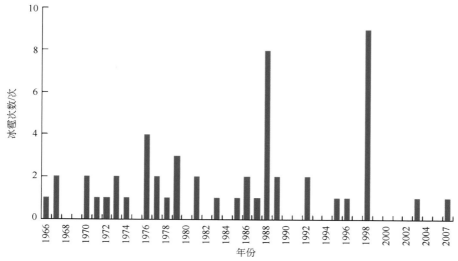

图 2.26 杭州市冰雹日数年际变化(1966—2007 年不包括 2005 年)

图 2.27 是杭州市各国家气象观测站冰雹次数年际变化,由图可知:临安最大值出现在 1977 年(2 次);杭州市区最大值出现在 1976 年(2 次);桐庐最大值出现在 1988 年(2 次);富阳最大值出现在 1988 年(2 次);建德最大值出现在 1998 年(3 次);萧山最大值出现在 1988 年(2 次);淳安最大值出现在 1979、1989、1996、1998 年(1 次)。

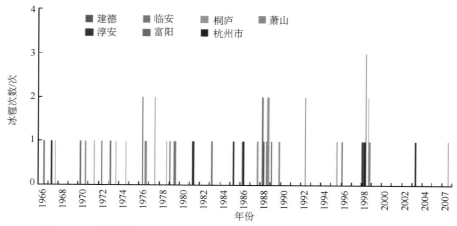

图 2.27 杭州市各站冰雹次数年际变化(1966—2007 年不包括 2005 年)

图 2.28 通过不同年份冰雹次数影响的测站个数来分析冰雹影响范围的年际变化,最大值出现在 1998 年,这一年除了临安站没有发生冰雹现象,另外六个国家气象观测站均发生了冰雹,以建德的冰雹最多,这一年发生了 3 次冰雹现象。次大值出现在 1988 年,1998 年杭州市的有五个测站观测到冰雹,除了淳安、建德外均发生了 1 次及以上的冰雹,说明在 1998 年和 1988 年的冰雹影响的范围相对较大。

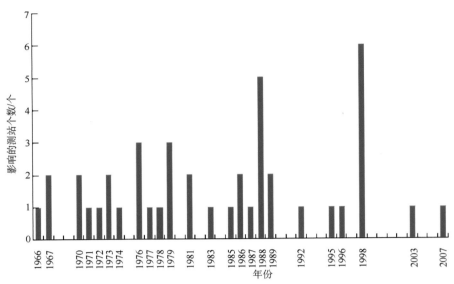

图 2.28　杭州市冰雹影响范围的年际变化(1966—2007 年不包括 2005 年)

（4）地面气象观测站多年累积冰雹次数

由图 2.29 可见,1966—2007 年杭州市各国家气象观测站的总冰雹日数,最大值出现在桐庐站,冰雹次数为 11 次;次大值是杭州站,冰雹次数为 10 次,最少的是淳安站和萧山站,冰雹次数均为 4 次。

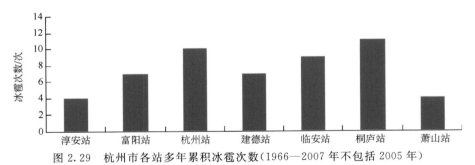

图 2.29　杭州市各站多年累积冰雹次数(1966—2007 年不包括 2005 年)

（5）冰雹灾害特征

上面统计的冰雹日数都是以县市国家气象观测站观测的冰雹日数为依据,由于冰雹是小尺度的天气系统所致,其尺度小于现行的观测网,气象部门的测站很难测到,对观测的冰雹会有遗漏,而且冰雹次数和冰雹灾害次数是不同的概念,发生了冰雹不一定成灾,下面以杭州市民政部门和气象部门所记录的 1984 年 1 月 1 日—2008 年 6 月 28 日气象灾害数据以及杭州气象志的记录来描述冰雹灾害特征,由于资料的不同,所以和上面统计的冰雹次数特征有差异。

1）冰雹灾害次数的年变化

由图 2.30 可见,杭州市冰雹灾害在 4 月发生最频繁,其次是 3 月份。9 到 2 月份没有冰雹灾害发生。

图 2.31 杭州市各县市冰雹灾害次数年变化,它们的波动幅度是比较小,除了建德在 4 月

达到最大值(8 次),3 月份建德达到 6 次,其他测站都较小。4 月份有 5 个测站发生冰雹灾害,5、7、8 月份有 3 个测站发生冰雹灾害。同时可以看出最大值发生在建德 4 月份(8 次),次大值发生在建德 3 月份(6 次)。

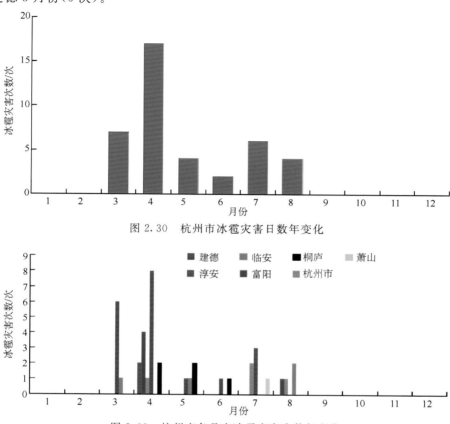

图 2.30　杭州市冰雹灾害日数年变化

图 2.31　杭州市各县市冰雹灾害次数年变化

2)冰雹灾害日数的年际变化

由图 2.32 可见,1984 年 1 月 1 日—2008 年 6 月 28 日年冰雹灾害发生的日数来看,杭州市 25 年冰雹灾害总次数 40 次,最多的 7 次(1987 年),其次是 6 次(1998 年),1999 年以后均有一定次数的冰雹灾害。

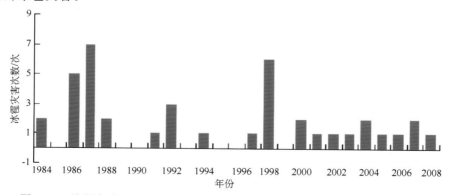

图 2.32　杭州市冰雹灾害次数年际变化(1984 年 1 月 1 日—2008 年 6 月 28 日)

从图 2.33 杭州市各县市冰雹灾害次数年际变化,可以看到它们的波动幅度是在比较小,除了建德在 1986 年和 1998 年冰雹灾害次数分别达到 5 次和 4 次,其他月份各县市均在 3 次以下。

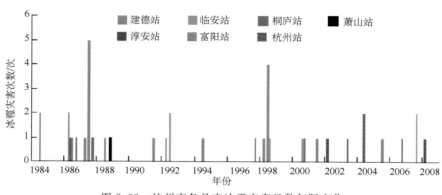

图 2.33 杭州市各县市冰雹灾害日数年际变化

3)冰雹灾害的最大直径、持续时间和最大重量

冰雹的半径大小不一,小的如黄豆,大的如鸡蛋、拳头,也有更大的,它的主要危害是毁损庄稼,损坏房屋,人畜伤亡等。如在灾情记录中:1992 年 4 月 29 日 9 时左右,冰雹突然袭击场口等地,富阳市场口有七个乡镇和萧山市新街区四个乡镇遭冰雹灾害,冰雹直径 3.5～4.0 cm,最大达 10 cm;1987 年 8 月 7 日下午 4 点 45 分在高桥、胥口、湘主、灵山、湘溪、永昌等乡遭受冰雹袭击,持续时间 20 min,冰雹最大直径 7 cm。据杭州气象志记录:1988 年 3 月 14—15 日,杭州市区各地普遍遭冰雹袭击,特别是丘陵山区雹大如拳。通过灾情记录统计:冰雹灾害持续时间最短的 1 min,最长的 20 min。记录最重是 350 g,发生在建德(2001 年 7 月 12 日),持续时间为十几分钟。

2.3 强对流天气灾情特征

影响杭州的强对流天气灾害主要有雷暴、短时强降水、雷雨大风和冰雹四种致灾方式,一般灾害都是多灾种组合方式,如雷电—暴雨、暴雨—冰雹、雷雨—大风、大风—冰雹等。

规定:只要是杭州市一个或以上县(区、市)发生雷电、短时强降水、冰雹中的一种或以上灾害都定义为影响杭州市的一次强对流天气灾害。

影响杭州市的强对流灾害共 373 次(图 2.34),年均 14.92 次。主要集中在 2001 年到 2007 年,2001 年以前次数相对较少,其中最多的是 2006 年,发生 47 次,其次是 2002 年发生 44 次,最少的为 1996 年发生 2 次。

短时强降水易于形成洪水内涝,洪水可以冲毁堤坝、淹没农田房屋,局地暴雨还会引起山洪爆发、泥石流等地质灾害等,影响农作物生长,造成严重的经济损失,甚至威胁人类生命和生态环境破坏。据杭州市灾情记录记载,临安市昌化街道 2005 年 9 月 3 日 19 时到 23 时出现罕见的特大暴雨,3 小时降水量达到 445 mm,11 人死亡、1 人失踪,倒塌民房 452 间,300 多处山体滑坡,农林牧渔直接损失 1.193 亿元,交通直接损失 1.33 亿元,水利设施直接损失 0.759 亿元,直接经济损失 3.591 亿元。

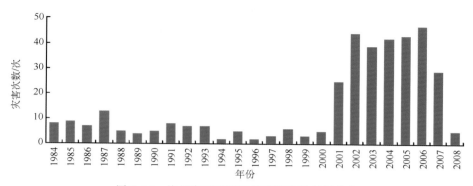

图 2.34 杭州市强对流天气灾害次数年际分布

雷雨大风的风力一般小于龙卷风,但它的发生不仅有大风,而且还伴随电闪雷鸣和暴雨现象。杭州市在 8 月份是大风灾害最频繁的月份,除了来自热带风暴影响带来的大风,当夏季热雷雨来临的时候,强烈的对流作用也会引起突发性的大风。雷雨大风会造成人畜伤亡,建筑物和树木被毁,通讯中断,影响航空和交通运输以及农作物减产等灾害。据灾情统计,2006 年 6 月 10 日 9 时 24 分至 26 分千岛湖镇出现大风天气,极大风速 29.2 m/s,唐村镇出现冰雹,文昌镇农民房吹掉瓦片 1112 万片,直接经济损失 2 千万,损害房屋 100 间,这次灾情使得西湖名胜区损失严重,共倒伏各类树木数百株,西湖南高峰玉城山三台阁倒塌,被困 8 名群众。

冰雹的灾害最主要是砸坏农作物和房屋、设施、设备,致人畜伤亡。冰雹灾害虽然是局地和短时的,但是后果是严重的,降雹半径大小不一,小的如黄豆,大的如鸡蛋,拳头,也有更大的。它的危害主要是毁损庄稼,损害房屋,人畜伤亡等。由于冰雹的出现范围比较小,气象部门的测站很难观测到。根据调查,杭州站市冰雹多发生在春季 3—4 月份,夏季 7—8 月也时有发生。据杭州气象志记载 1950 年 4 月 16 日 6 时半左右,建德县乾潭地区发生特大冰雹灾害;1988 年 3 月 14—15 日杭州市各地普遍遭冰雹袭击,特别是丘陵山区雹大如拳;1989 年 6 月 6 日萧山市新街、长山遭雹灾;1992 年 6 月 13 日建德市航头镇及新安江镇(7 个村)遭雹灾;1995 年 8 月 10 日临安市出现雹灾。从地域分布上来看,临安市、建德市、淳安县丘陵山区出现最多,在 3—8 月最为集中,秋冬季节很少出现。2004 年 7 月 25 日下午杭州市区出现了强对流天气,主要影响以大风和短时强降水为主,局部伴有冰雹。杭州各地出现 7～10 级大风,受伤人数达 25 人,滨江区水印城建筑工地工棚刮倒,25 人被压。多处供电系统被毁坏。经济损失超过 200 万元。

历史上影响杭州的强对流天气灾害在 1—11 月均有发生。3—8 月间强对流天气灾害数较为集中,占影响强对流天气灾害个数的 89.5%,其中 6、7、8 月份就占强对流总数的 60.3%,可见杭州市夏季必须加强期间的强对流天气灾害防御工作(如图 2.35)。据逐次强对流天气灾害统计分析,影响时间最早的是 2005 年 1 月 6 日,建德市发生强对流天气灾害,影响时间最迟的是,影响时间为 2004 年 11 月 9 日,临安市出现强对流天气灾害。

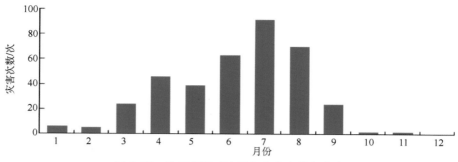

图 2.35　杭州市强对流天气灾害个数年分布

2.3.1　强对流天气灾害灾情年际变化、年变化

强对流天气对杭州的成灾形式包括受灾人口、死亡人口、倒塌房屋、直接经济损失、农作物受灾面积等类型。选取有代表性的伤亡人口数/个、倒损房屋/间、农作物受损数/亩①、直接经济损失/万元四个指标刻画灾情程度。其中伤亡人口包括由强对流天气导致的死亡人口和受伤人口数;倒损房屋包括倒塌房屋数和受损房屋数;受损农田包括农作物受灾面积和农作物成灾面积数(见表 2.3、图 2.36)。

表 2.3　杭州市气象灾害灾情类型

死亡人数	受灾人数	农作物绝收面积	损失粮食
被困人口	饮水困难人口	大棚损坏	农业经济损失
失踪人口	受伤人口	死亡大牲畜	死亡家禽
转移安置人口	倒塌房屋	畜牧业经济损失	水毁中型水库
损坏房屋	直接经济损失	水毁小型水库	水毁塘坝
农作物受灾面积	农作物成灾面积	堤坝决口情况	……

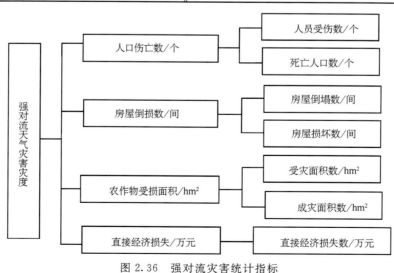

图 2.36　强对流灾害统计指标

---

①　1 亩＝1/15 hm²

（1）直接经济损失

一般而言，社会经济损失按照社会经济部门的不同可以分为社会部门损失、生产部门损失和基础设施损失三大类。社会部门损失包括住房与人居环境损失，教育文化部门损失和医疗卫生部门损失；生产部门损失包括农业部门、工商业部门和旅游部门的受损状况；基础设施损失又主要包括电力系统，交通系统、通讯、城市供水、供热、供燃气系统等。在每种部门内的社会经济损失状况又可以从直接经济损失与间接经济损失两方面分析。本研究主要从典型性的直接经济损失的角度分析，足以反映杭州历史强对流天气在经济损失方面的现象，并揭示其分布特征。

统计杭州市强对流灾害直接经济损失年际分布情况（如图 2.37）：最严重的发生在 1996 年，是由于建德、淳安、富阳的短时强降水引发的暴雨洪涝致灾，直接经济损失高达 73100 万元，给杭州市的社会经济带来了不可估量的破坏作用。总体而言，在 90 年代中后期直接经济损失比从历年直接经济损失占 GDP 比率的年际分布来看（如图 2.38）：80 年代到 90 年代直接经济损失占 GDP 比率相对较大，直接经济损失占 GDP 比率最大达到了 0.8%，2000 年以后均较小，不超过 0.3%。即直接经济损失占 GDP 的比率是逐年呈现减少的态势。

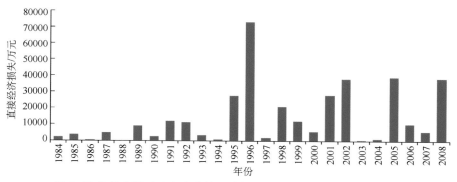

图 2.37 杭州市强对流灾害直接经济损失年际分布（1984—2008 年）

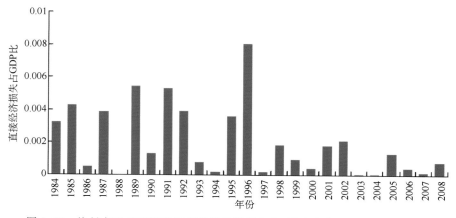

图 2.38　杭州市强对流灾害历年直接经济损失占 GDP 比率（1984—2008 年）

（2）农作物受损面积

强对流天气引发的短时强降水、雷雨大风和冰雹是影响杭州农业生产的重要消极因素之一。强对流天气的短时强降水引起的洪涝极易冲毁农田，破坏农业灌溉设施等，强对流天气过程降水由于雨量大，降水集中，容易导致农田受淹，形成内渍、湿害等农业灾害。此外强对流天气影响农业的另一重要方面就是强对流天气的雷雨大风，一般雷雨大风风力超过八级，对农作物破坏作用极大，容易造成植株倒伏、果实脱落等灾害。

反映农业气象灾害灾情的指标一般有受灾面积、成灾面积、粮食灾损量等按照我国民政部门的规定，因灾而使农作物减产为受灾，减产幅度在 3 成以上的为成灾，其中减产 3~5 成为轻灾，5~8 成为重灾，8 成以上为绝收，每种指标都从不同的角度反映了灾害程度及其对农业系统的影响程度。这里选取农业受损面积，主要指农业受灾面积和成灾面积，分析近期杭州市强对流天气灾害对农业及综合灾情的统计特征。

根据历年杭州强对流天气灾害灾情记录分析，1984 到 2008 年间受强对流天气灾害影响（图 2.39、图 2.40）年平均农业受损面积为 13951.5 km²，受灾较为严重的年份为 1998 年，农业受损面积高达 72657.7 km²。

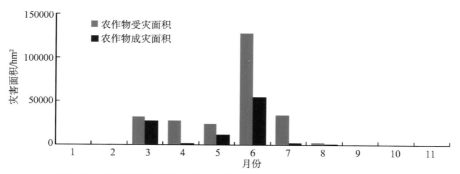

图 2.39　杭州市强对流灾害农作物受损面积年变化（1984—2008 年）

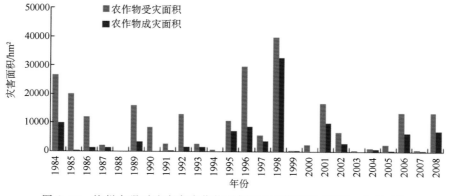

图 2.40　杭州市强对流灾害农作物受损面积年际变化（1984—2008 年）

1998 年农作物受灾最重，主要是由于 1998 年 6 月 17 日，建德受地面静止锋和中层切变线的共同影响，出现了大暴雨天气过程，这次大暴雨受淹良田 12 万亩，成灾 9 万亩，冲毁良田 2100 亩，其中绝收 8500 亩。2 万亩山地杂粮、3 万亩经济作物严重受灾。1998 年 7 月 23 日桐庐分水江上游部分地区山洪暴发,农作物受灾面积 904.7 km²,成灾面积 205.4 km²。同时在该年建德 1998 年 3 月受强冷空气影响,气温明显下降,同时伴有雷雨、冰雹、霰、冰粒等剧烈天气过程,大小麦、油菜等农作物及毛竹、板栗、茶叶、草莓、蔬菜等经济作物严重受压和受冻,受灾作物面积达 3 万多平方千米,成灾 2.6 万 km²,绝收 1000 km²。由此也可以看出强对流天气灾害对农作物的灾害主要是由于短时强降水和冰雹的致灾作用引起的,故农作物受损面积在春季和夏季较大。

(3)房屋倒损间数

强对流天气以其强大的致灾能力在对房屋的破坏作用显露无疑,在对一次强对流天气灾情进行评价的过程中,倒损房屋数也就成了一个主要的评价指标。主要从倒塌房屋数和损坏房屋数两个指标考虑,"倒塌房屋"是指全部倒塌或房屋主体结构遭受严重破坏无法修复的房屋数量,(如图 2.41、图 2.42)。

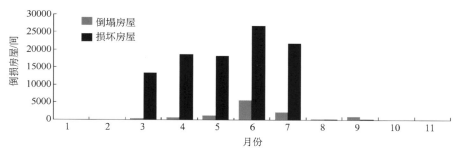

图 2.41　杭州市强对流灾害倒损房屋年变化(1984—2008 年)

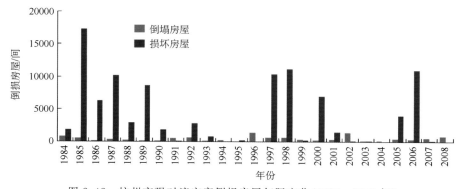

图 2.42　杭州市强对流灾害倒损房屋年际变化(1984—2008 年)

由 1984 到 2008 年杭州强对流天气灾害房屋倒损统计结果分析:1980 年代到 1990 年代后期,受强对流灾害影响杭州市倒塌房屋数及损坏房屋数均呈下滑趋势,倒损房屋数量骤减,1990 年代后期在 1997,1998、2000 年和 2006 年有增加,到 2006 年以后骤减。这与现代房屋设计结构与建筑质量的提升是密不可分的,随着杭州社会经济的发展和科学技术的提高,以及政府在强对流灾害防御上的巨额投入,由强对流天气导致房屋倒损的现象已不多发现。

房屋倒损最严重的发生在 1985 年和 2006 年,据灾情记录记载 1985 年 7 月 13 日杭州市萧山和市区均出现雷雨大风,杭州市区共倒塌和损害房屋 12500 间。

值得注意的是,在灾情记录中发现:2006 年 6 月 10 日,临安 10 时 02 分出现 23.7 m/s 大风,风向 254 度,清凉峰、玲珑街道、板桥等地出现冰雹;桐庐县 6 月 10 日上午 10 时左右,受安徽东移的强雷暴云团影响,出现强对流天气,全县普遍遭受短时雷雨大风的袭击,百江还出现了冰雹。据县中尺度自动气象站网监测,各地风速在 6 级—8 级,本测站瞬时极大风速达 8 级(19.9 m/s);杭州站 6 月 10 日 26 分到 48 分,出现了最大风速 19.6 m/s 的大风;千岛湖镇 10 日 9 时 24 分至 26 分出现大风天气,极大风速 29.2 m/s,唐村镇出现冰雹;富阳市 6 月 10 日 9 时到 11 时,受冷暖气流影响,出现大范围的雷雨大风,富阳市区于 10 时 11 分瞬间风速达 20.9 m/s;建德市在当日也受雷雨大风袭击;萧山区 10 日 10:35 至 11:20 狂风呼号,大雨倾盆,树木被吹得剧烈摇晃,短时集中降水 4.4 mm,最大风力 25.3 m/s,风力达 10 级,在这个季节非常少见。结果表明:2006 年 6 月 10 日杭州市有一次强的对流天气过程,主要表现为雷雨大风,部分地区有冰雹产生。

同时发现在 1997 年 5 月 12 日,富阳市出现雷雨大风,瞬间最大风速达 21 m/s;建德市新安江等 16 个乡镇新安江、大同、上马、李家、下涯、乾潭等受不同程度灾害,据统计有 5000 km² 小麦受灾,其中成灾 3500 km²,倒塌民房 260 多间,受损 4000 多间,刮走瓦片 1000 多万片,受灾人口 20 万人,预计直接经济损失 800 万元;杭州市区在该日 17:15 到 18:57 有雷暴,18 时 06 分出现西北西方向 21 m/s 的大风,17:32 至 19:23 阵性降水。1997 年受强对流天气影响,桐庐 5 月 21 日本站雨量 19.6 mm,17:40—17:58 出现 25.0 m/s 南东南大风。1 个镇 42 个行政村受灾,倒损房屋 3212 间。

建德在 1997 年 3 月 20 日,20 日冰雹最大直径为 5 mm;21 日冰雹最大直径为 5 mm。(本月受强冷空气影响,气温明显下降。19—20 日 24 小时降温幅度达 14.5℃,48 小时降温幅度达 15.5℃。同时伴有雷雨、冰雹、霰、冰粒等剧烈天气过程。部分高山地区出现雨淞。)倒塌房屋 160 间,损害房屋 900 间。淳安县在 1997 年 3 月 20 日至 22 日受北方强冷空气影响,出现强降温、强对流天气。19—20 日的 24 小时降温 13℃,过程降温 17.4℃,最低气温降至 0.3℃。如此强的降温天气在同期历史上是极少见的。20、21 日还出现边打雷,边下雪的"雷阵雪"天气,局部有冰雹。临安 3 月 19—21 日,冰雹、倒春寒,最低气温 -7℃,冰雹积 5 cm,农作物受灾 1.9 万 km²,直接经济损失 3500 万元。损坏民房 115 间。

1998 年 4 月 5 日建德受地面静止锋和弱冷空气的共同影响,出现了短时暴雨、大风、冰雹的袭击,测站冰雹最大直径为 3 mm,持续时间为 2 min。据调查,三都、前源等地冰雹最大直径为 3~5 cm,最大的重量 350 g 左右,受灾农林作物 1.5 km²,损坏民房 5000 多间,受灾人口达 15 万人,其中二人受伤。预计全市直接经济损失达 3000 多万元,其中农业直接经济损失 2000 多万元,倒塌房屋 110 间。

(4)人口伤亡数

一般灾害学中对人口因灾害而造成损害的评价主要包括受灾人口及成灾人口两方面,受灾人口指报告期内遭受自然灾害或意外事故袭击的人口。本研究根据杭州历史灾情记录详实状况选择伤亡人口,即受伤人口和死亡人口数之和作为评价指标。

由 1984 到 2008 年杭州强对流天气灾害房屋倒损统计结果分析:总体看来除 1985、1991

年伤亡人口较多外,其他年份都较少。强对流天气害突发性强,防御难度大,易造成人员伤亡。由图 2.44 可见:政府相关部门进一步加强了强对流天气灾害防御工作,通过完善和落实防强对流专项应急预案和各有关部门行业防强对流天气预案,建立和完善强对流天气预警预报体系,落实预报、监测、报警、撤退等措施,普及灾害防御知识,增强群众的自我防护能力,及时组织群众转移,完善应对突发强对流灾害的危机管理机制,确保人民群众生命安全。因此,1991年以后强降水造成的人口伤亡明显减少,成效显著。

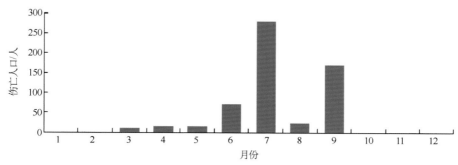

图 2.43　杭州市强对流灾害伤亡人口年变化(1984—2008 年)

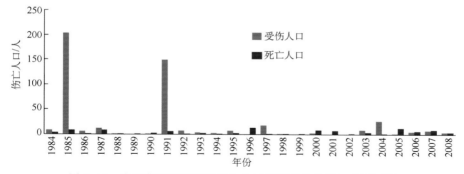

图 2.44　杭州市强对流灾害伤亡人口年际变化(1984—2008 年)

1991 年 9 月 16—17 日萧山市南部临浦等地普降大雨,部分地区为大暴雨和特大暴雨,死亡人口 6 人,受伤人口 150 人。1985 年 7 月 13 日杭州市萧山和市区均出现雷雨大风,萧山区受伤人口 74 人,死亡人口 1 人;杭州市区受伤人口 130 人,死亡人口 6 人。

2.3.2　强对流天气灾害分级指标和分级标准

强对流天气灾害影响范围广、损害面宽,涉及社会经济发展的各个方面,如人员伤亡、农田受灾、桥梁的损坏、水库堤坝毁坏及电力通信中断等。这里我们基于强对流天气特点和取得资料的详尽性,从强对流天气影响范围、社会指标和经济指标综合考虑,选择以下四个方面作为主要分级指标。

1)农作物受灾面积。主要是指农作物受灾面积和成灾面积两大部分,单位:万亩。

2)伤亡人口数。包括因强对流天气死亡人口和受伤人口数,单位:个。

3)倒损房屋数。包括损坏房屋和倒塌房屋两部分,单位:间。

4)直接经济损失。由强对流天气造成的直接经济损失,单位:万元。

据上述分级指标，并结合杭州市国民经济发展水平、人口密度等，制定分级标准，把杭州强对流天气大致划分为巨灾、重灾、中灾、轻灾、微灾五个等级（表2.4）。

表 2.4　杭州强对流天气灾情等级和单指标分级标准

指标	巨灾	重灾	中灾	轻灾	微灾
伤亡人口/个	≥3	(0,3)	0	0	0
倒损房屋数/间	[150,18000)	[1,150)	0	0	0
农作物受灾面积/万亩	[570,57000]	(1.5,570)	1	1	0
直接经济损失/万元	[652,73100)	(10,652)	(0.3,10)	(0～0.3]	0

为了检验灾度能否客观的反映强对流天气四种评价指标的灾损程度，从而实现由灾度来表达强对流天气灾情的强弱变化，本研究通过求算灾度与各指标的相关关系来进行验证。

统计分析374次影响杭州市强对流天气结果表明：灾度和伤亡人口数、农作物受灾面积、房屋倒损数以及直接经济损失都存在着极大地相关关系，除了伤亡人口数拟和效果欠佳，但是决定系数最低达到0.43以上，并且通过0.01的显著性水平检验，说明灾度能够反映四个灾害指标的灾损程度，即能够用于对历次强对流天气进行评价（图2.45—2.47）。

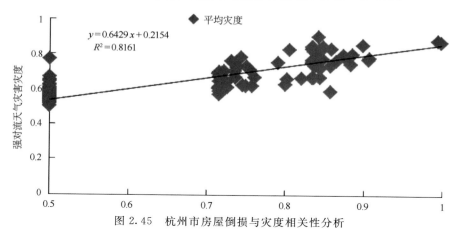

图 2.45　杭州市房屋倒损与灾度相关性分析

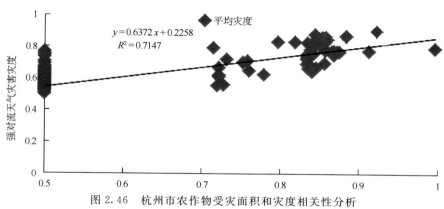

图 2.46　杭州市农作物受灾面积和灾度相关性分析

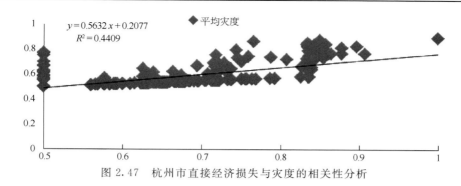

图 2.47　杭州市直接经济损失与灾度的相关性分析

通过对 1984—2008 年强对流灾害的灾度求算可以看出,杭州市共发生 374 次强对流天气,其中发生 299 次微灾、31 次轻灾、29 次中灾和 15 次重灾,没有发生巨灾,表 2.5 只列出重灾发生日期。

据统计,灾度最大的为 1996 年 6 月 30(灾度为 0.899003),据灾情记载,该日富阳发生暴雨洪涝,全市 23 个乡镇,557 个村受灾,人口 41 万人,被洪水围困 1.5 万人,转移 0.5 万人,死亡 3 人,失踪 4 人。倒塌房屋 187 间,直接经济损失 2.76 亿元。受灾粮食作物 11980 km²,经济作物 1618 km²,毁坏耕地 491 km²,造成粮食减产 33877 t,粮仓损失 768 t,淡水养殖损失 305.3 km² 计 298 t,农林牧渔损失 7200 万元。工厂停产 415 家,部分停产 235 家,13 条公路无法通车,3 条供电线路停电 11 h,通信、广电、交通运输损失 145 万元。损毁水利工程桥涵 28 座,机电泵站 181 座,损失 4800 万元。

其次是 2006 年 6 月 10 日,据灾情记录,该日确实发生一次较大范围的强对流灾害天气;临安 10 时 02 分出现 23.7 m/s 大风,风向 254 度,清凉峰、玲珑街道、板桥等地出现冰雹;桐庐县 6 月 10 日上午 10 时左右,受安徽东移的强雷暴云团影响,出现强对流天气,全县普遍遭受短时雷雨大风的袭击,百江还出现了冰雹。据县中尺度自动气象站网监测,各地风速在 6 级—8 级,本测站瞬时极大风速达 8 级(19.9 m/s);杭州站 6 月 10 日 26 分到 48 分,出现了最大风速 19.6 m/sm/s 的大风;千岛湖镇 10 日 9 时 24 分至 26 分出现大风天气,极大风速 29.2 m/s,唐村镇出现冰雹;富阳市 6 月 10 日 9 时到 11 时,受冷暖气流影响,出现大范围的雷雨大风,富阳市区于 10 时 11 分瞬间风速达 20.9 m/s;建德市在当日也受雷雨大风袭击;萧山区 10 日 10:35 至 11:20 狂风呼号,大雨倾盆,树木被吹得剧烈摇晃,短时集中降水 4.4 mm,最大风力 25.3 m/s,风力达 10 级,在这个季节非常少见。

1985 年 7 月 13 日该日的灾度也比较大,据灾情记录:杭州市萧山和市区均出现雷雨大风,杭州市区在 15:44—16:25 时出现阵雨,降水量为 4.6 mm,15:46—16:10,大风的最大风速达到 31.8 m/s,总共伤亡人口为 126 人,共倒塌和损害房屋 12500 间,农作物受灾面积 2000 万亩,而萧山区在 7 月 13 日 15 时 57 分至 16 时 22 分,出现了 24 m/s 的大风,顿时飞沙走石,20 cm 的树木连根拔起,房屋倒塌,据保险公司反映,全县赔案 6605 件,7.13 大风赔案达 5777 件,赔偿额达 35.02 万元,吹塌草舍 2300 多间,重伤 5 人,轻伤 69 人,直接经济损失为 310 万元。根据《杭州气象志》记载,杭州市区在这天确有罕见大风袭击,极大风速达 31.8 m/s,是 1957 年以来的最大值。萧山在这天长山至宏伟一带,遭暴风雨袭击,风力达 9 到 10 级。

表 2.5　杭州市强对流灾情指标灾度和灾害类别

发生日期(年-月-日)	灾度	灾害类别
1996-06-30	0.899003	重灾
2006-06-10	0.880340	重灾
1985-07-13	0.870175	重灾
1997-05-12	0.854803	重灾
2001-06-19	0.846040	重灾
1992-07-01	0.843828	重灾
1990-04-28	0.841920	重灾
1995-06-20	0.838403	重灾
1984-06-07	0.837735	重灾
1997-07-21	0.830502	重灾
1994-07-28	0.829784	重灾
2002-06-27	0.826921	重灾
1993-08-16	0.826762	重灾
1993-05-21	0.818871	重灾
2008-05-28	0.817208	重灾

2.4　强对流天气灾害危险性评价

由灾害学观点可知,所谓致灾因子是指一切可能引起人员伤亡、财产损失及生态环境破坏的各种自然与人文异变因素,它是各种灾害、事故发生的危险源。强对流天气灾害的成灾方式主要包括雷电、短时强降水、雷雨大风、冰雹,同时各种成灾方式又能造成次一级的衍生灾害,从而形成强对流天气灾害链。因此强对流天气灾害致灾因子的风险分析主要这四个方面考虑,强对流天气灾害危险性评价是研究强度强对流天气灾害的致灾因子发生的可能性,包括分析其时间、空间的致灾特征及发生规律。

2.4.1　短时强降水

(1)降水量的空间分布特征

1)过程降水量空间分布

本研究包括台风、梅雨、强对流等天气系统造成的短时强降水。根据杭州市各区域气象自动站短时强降水序列的过程降水量的多年平均值,由图 2.48 反映出杭州市区短时强降水过程降水量均值较大,尤其是主城区,多年短时强降水过程降水量平均值在 105.2 mm 以上。萧山北部,临安天目山一带,淳安千里岗、白际山一带降水量也较高,短时强降水过程降水量的多年平均值在 69.9～105.1 mm 范围内;余杭、建德中部、桐庐中部多年短时强降水过程降水量均值较小,短时强降水过程降水量的多年平均值在 33.9～52.6 mm 范围内;其他地区的短时强降水过程降水量则多在 50.0~70.0 mm 范围内。

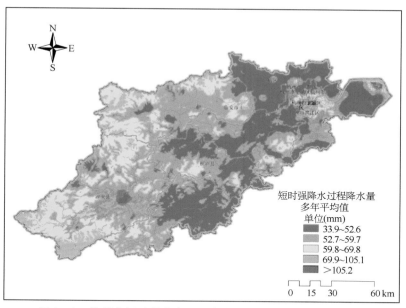

图 2.48　杭州市短时强降水过程降水量多年平均值空间分布图

2)过程降水量极值的空间分布

根据杭州市短时强降水序列过程降水量的极大值,对过程降水量极大值进行空间插值。结果如图 2.49 所示,杭州市上城区、萧山十工段处,天目山、临安昌化、富阳永昌镇、洞桥镇、窄溪镇附近,淳安千里岗附近过程降水量极值偏大,过程降水量都在 270.0 mm 左右。

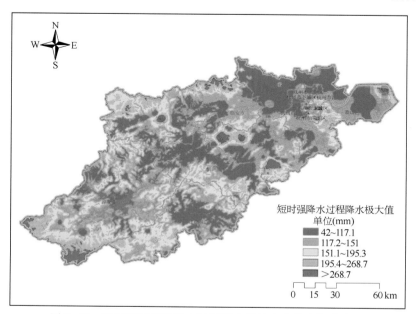

图 2.49　杭州市短时强降水过程降水量极大值的空间分布图

比较短时强降水过程降水量的均值与极大值,可以发现过程降水量均值比极值更能反映一个地区的实际降水量,而且在空间化的过程中,极大值带来的凸显效应会造成制图过程中很大误差,同时,自动站记录的过程降水量降水极值数据存在一定的误差,即使经过数据订正,仍难免出现错误,因此,在短时强降水危险性评价中,选用多年过程降水量的平均值来表征短时强降水过程降水强度。

（2）短时强降水频次的空间分布

根据杭州市强降水序列的年均发生次数,进行空间插值,表明:山区和丘陵地带的降水频次较多,平原相对较少,千里岗山一带年均强降水频次在 9 次以上,白际山、天目山部分地区的降水频次也较高,萧山中部、杭州下城区、余杭东部有小部分地区降水频次也较高（图 2.50）。

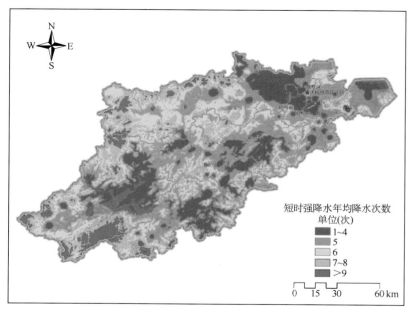

图 2.50　杭州市短时强降水年均降水次数

（3）短时强降水的致灾因子危险性评价方法

短时强降水灾害的主要因子是短时降水量量级和短时强降水发生频次。一般情况下,一次强降水过程并不会持续很长时间。根据前文统计结果所表明的,强降水多持续 1 个小时左右,一般情况下,某一站点强降水过程降水量的多年平均值可以反映出一次强降水过程的降水强度。根据式（2.1）将降水均值数据标准化

$$R = \frac{X - X_{\min}}{X_{\max} - X_{\min}} \times (10 - 1) + 1 \tag{2.1}$$

X 为某一站点强降水过程降水量的多年平均值,$X_{\max}$ 为样本 X 中的最大值,$X_{\min}$ 为样本 X 中的最小值,R 为强降水强度因子。经过标准化后的 R 值在 1~10 之间（因强降水的年均频次的范围在 1~10 之间,故将标准化后的降水均值限定在同一量级）,用来表征降水强度。

根据前文确定的短时强降水序列,以各站点（包括国家气象观测站和区域气象自动站）为基点,统计每个站点的强降水强度因子和强降水频次。

选择短时强降水危险性指数 N 来反映该站点短时强降水的危险程度：

$$N = R_i \times F_i \qquad (2.2)$$

F_i 为强降水的发生频次，R_i 为强降水强度因子。

计算包括自动站在内的各站危险性指数，并进行归一化，以各站的归一化后的危险性指数对杭州市范围进行空间插值，形成短时强降水危险性的空间分布图。

以七个国家气象观测站计算其短时强降水的强降水危险性指数。图 2.51 为七个国家气象观测站的短时强降水的过程降水量的多年平均值。淳安站的多年平均值最小，为 46.9 mm，临安站最大，为 64.4 mm。富阳站为 49.3 mm，杭州站为 51.4 mm，萧山站为 57.0 mm，桐庐站为 51.3 mm，建德站为 51.7 mm。

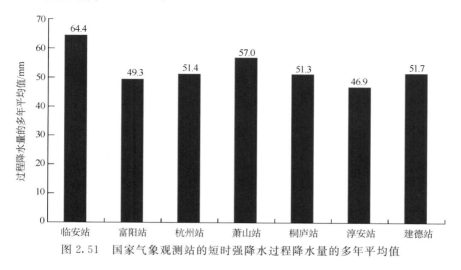

图 2.51　国家气象观测站的短时强降水过程降水量的多年平均值

图 2.52 为 7 个国家气象观测站的年均计算频次。其中，富阳站最多，短时强降水年均强降水 5 次；淳安站最少，强降水年均 2.3 次，临安站为 4.6 次，杭州站为 4.9 次，萧山站为 3.9 次，桐庐站为 3.9 次，建德站为 4.3 次。

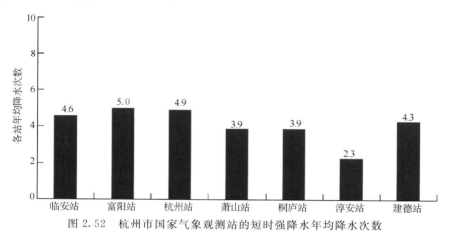

图 2.52　杭州市国家气象观测站的短时强降水年均降水次数

由公式（2.2）得到短时强降水危险性指数，并进行归一化处理。图 2.53 为七个杭州市国家气象观测站的危险性指数,可见临安站危险性最高,危险性指数为 0.223,淳安站危险性最低,危险性指数为 0.024,富阳站危险性指数为 0.207,杭州站危险性指数为 0.215,萧山站危险性指数为 0.157,桐庐站危险性指数为 0.131,建德站危险性指数为 0.173。

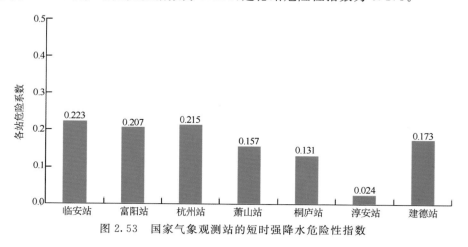

图 2.53　国家气象观测站的短时强降水危险性指数

(4)短时强降水致灾因子的危险性区划

根据短时强降水强降水序列,分别计算各气象观测站(包括国家气象观测站和自动气象站在内)所有强降水过程最大降水量的平均值。由于一些自动站的建立时间不一致,故采用年均降水频次来表示强降水的发生频次。以强降水的过程最大降水量的平均值的表征强降水的强度,以降水的年均次数表征频次,两者相乘得到强降水的危险性指数,将危险性指数归一化后,在 ArcGIS 中以危险性指数进行空间插值,得到强降水强降水致灾因子的危险性空间分布图。

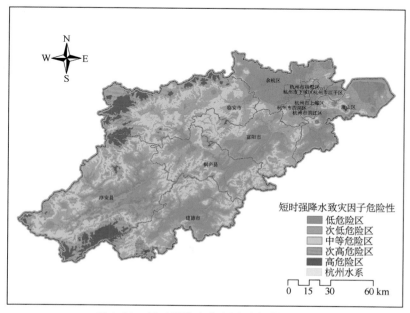

图 2.54　短时强降水致灾因子危险性区划

短时强降水致灾因子的高危险区和次高危险区:下城区,萧山中部新街镇、长河镇一带。临安天目山、清凉峰、昱岭一带山区,富阳玲珑街道附近,湖源—常绿镇—楼塔镇一带(次高风险区)。建德大同镇附近,淳安千里岗、黄毛岭、梓桐镇一带。

中等风险区:滨江区、临安中东部,建德北部、千岛湖西南端。

低危险区和次低危险区:余杭大部,富阳中部,建德中部,淳安中部。

山地,丘陵地带地形变化较大,下垫面对强对流这种中小尺度的天气系统影响较大;山体的迎风坡的抬升作用导致层结不稳定,容易发生短时强降水,杭州中部的山系附近也是短时强降水的高危险区;杭州西部有中有千岛湖,两侧有白际山、千里岗山,其水汽充足,又有山体的抬升作用,也是短时强降水的多发地。

2.4.2　雷雨大风

选择雷雨大风极大风速反映雷雨大风强度。对杭州市各国气象观测站点观测数据进行统计分析,得到研究区各站点发生各个量级雷雨大风时的风速平均值。

通过对逐次雷雨大风的极大风速记录进行信息分配的优化处理,选择极大风速下限17.2 m/s(8 级)、20.8 m/s(9 级)、24.5 m/s(10 级)风力强度指标,来计算雷雨大风过程中发生不同等级大风时各站点的风速平均值。假设得到以下风速均值分布向量$(P_{i1},P_{i2},\cdots,P_{in})$,$P_i$ 表示研究区发生第 i 级雷雨大风时的风速均值,n 表示 i 级雷雨大风总次数。在灾害研究中,风速均值更能反映该地区灾害发生的强度特征。发生 i 级的雷雨大风的平均风速为:

$$P_i = \frac{\sum_{1}^{n} P_{in}}{n} \tag{2.3}$$

(1)雷雨大风风速

通过对 7 个国气象观测站极大风速序列的统计分析,计算各站不同风力等级风速的平均值。在同一等级风速下,当两站雷雨大风发生频次相同时,在这一风速等级下平均风速的大小可以作为二者危险性大小的判别依据,由图 2.55 所示:总体而言 8 级、9 级雷雨大风平均风速各国家气象观测站相差不大;7 个地面气象观测站均有 8 级雷雨大风,发生 9 级雷雨大风的只有杭州站没有发生,其余均有记录,最大值出现在桐庐站的 23.4 m/s;发生 10 级雷雨大风的只有淳安和富阳、其余测站均没有发生雷雨大风,最大值出现在富阳站的 26.0 m/s。

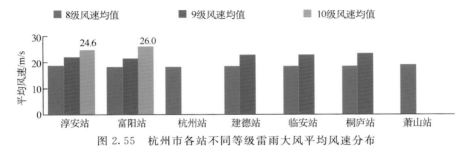

图 2.55　杭州市各站不同等级雷雨大风平均风速分布

(2)雷雨大风频次

将七个国家气象观测站雷雨大风风速按照 8 级(17.2 m/s)、9 级(20.8 m/s)、10 级

(24.5 m/s)的标准,采用以下公式分别计算 8 级 9 级、10 级大风的年平均次数。

$$F_i = \frac{n}{l}, (i = 8, 9, 10) \tag{2.4}$$

其中:F_i 为各个国家气象观测站 i(8、9、10)级大风的年平均次数,n 为 i(8、9、10)级雷雨大风历史上出现的总次数,l 为该区县的资料长度(年)。杭州市 7 个国家气象观测站不同极大风速等级年均发生频次计算结果,由图 2.56 可见:8 级雷雨大风年均频次最多的是临安;次多值是富阳,最少值是淳安。9 级风年均频次最多的是临安,最少值是萧山,没有发生 9 级雷雨大风;10 级雷雨大风发生频次最多的是富阳,次多值是淳安,其余测站均没有发生 10 级雷雨大风。

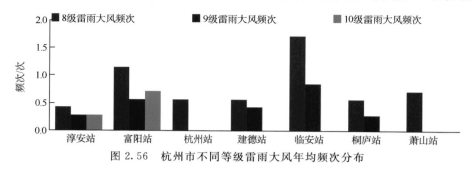

图 2.56　杭州市不同等级雷雨大风年均频次分布

(3)雷雨大风的危险度

选择雷雨大风危险性指数 N 来反映该站点雷雨大风的危险程度:

$$N = P_i \times F_i \tag{2.5}$$

其中,F_i 为雷雨大风的发生频次,P_i 为发生 i 级雷雨大风的平均风速。同样,亦可获取不同级别的雷雨大风风险分布特征。

由雷雨大风风险度公式(2.5)计算雷雨大风的不同等级的危险性指数。由图 2.57 可见 8 级雷雨大风危险性指数最大值是临安,次大值是富阳;9 级雷雨大风危险性指数最大值为临安;10 级雷雨大风危险性指数最大值为富阳。

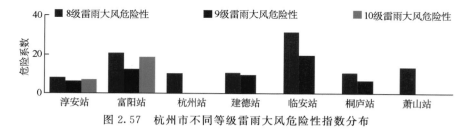

图 2.57　杭州市不同等级雷雨大风危险性指数分布

(4)各等级雷雨大风危险度区划

由雷雨大风的不同风速等级的危险指数,并叠合 DEM 高程信息以各站点风险值进行空间插值处理,分别得到 8 级、9 级、10 级风速雷雨大风危险性空间分布。

从图 2.58—图 2.60 中可以看出:

8 级雷雨大风危险性较高地区为临安的太湖源镇—锦城街道一带、城区的转塘镇—西湖街道一带、萧山的河庄镇—新湾镇—围垦区一带、建德的航头镇—大慈岩镇一带。

　　9 级雷雨大风危险性较高地区为萧山的河庄镇、城厢街道—所前镇北部一带、临安的上甘街道一带。

　　10 级雷雨大风危险性较高地区为建德航头镇南部一带、城区转塘镇一带、萧山河庄镇一带。

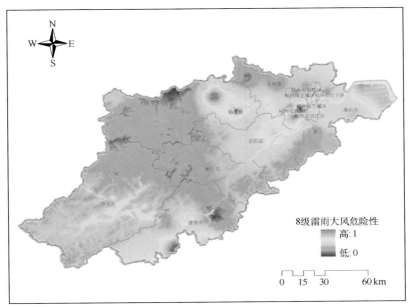

图 2.58　杭州市八级雷雨大风危险性分布

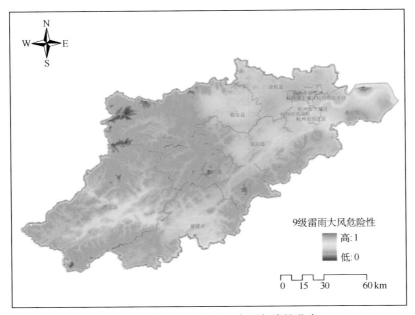

图 2.59　杭州市九级雷雨大风危险性分布

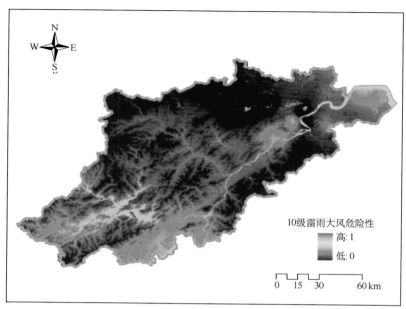

图 2.60　杭州市十级雷雨大风危险性分布

（5）雷雨大风致灾因子危险性区划图

将 8 级,9 级,10 级危险度区划图分别赋予不同权重进行叠加(权重系数由 8、9、10 级雷雨大风强降水占总数的百分比得出),得到雷雨大风致灾因子综合危险性分布(图 2.61)。

表 2.6　雷雨大风灾害权重系数

风力等级	≥8 级	≥9 级	≥10 级
权重系数	0.56	0.31	0.13

雷雨大风致灾因子的高危险区有:临安的太湖源镇—锦城街道一带、城区的转塘镇—西湖街道一带、萧山的河庄镇—新湾镇—围垦区一带、建德的航头镇—大慈岩镇一带、新安江镇—下涯镇—大洋镇一带。

次高危险区有:建德南部的李家镇—大同镇—寿昌镇—新安江镇—下涯镇—大洋镇一带、淳安西部的中洲镇—汾口镇—沿千岛湖的枫树岭镇—大墅镇一带、富阳中部胥口镇—新登镇—新桐镇—春江街道—东洲街道—富春街道—春建乡一带、萧山北部北干街道—宁围镇—新街镇—坎山镇—靖江镇—义蓬镇—党湾镇—益农镇一带。

低危险区和次低危险区有:建德西部新安江街—洋溪街道—莲花镇一带,余杭中西部良渚—瓶窑镇—径山镇一带,以及桐庐大部分,分水镇—横村镇—凤川镇—新合乡一带,富阳南部湖源乡—常绿镇—上官村—大源镇—龙门镇—环山镇一带,萧山南部楼塔镇—河上镇—进化镇一带。

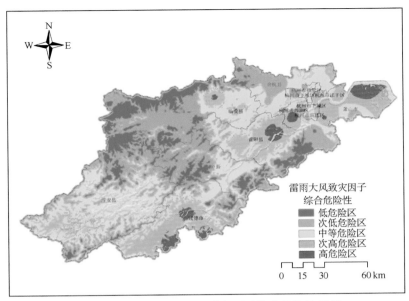

图 2.61　杭州市雷雨大风致灾因子综合危险性区划

2.4.3　冰雹

　　冰雹的数据较少,提取 1966—2007 年杭州市 7 个国家气象观测站多年累积的冰雹日数,对各测站采用样条法插值,得到图层一,但是由于冰雹又具有局地性的特点,所以冰雹常常降落到测站之外,结合 1984—2008 年发生冰雹的灾情数据,计算各个乡镇的多年累积冰雹日数。同样对各测站采用样条法插值,得到图层二,将两个因子图层,按照各自 0.5 的权重进行叠和运算,得到冰雹灾害致灾因子危险性分布(图 2.62)。

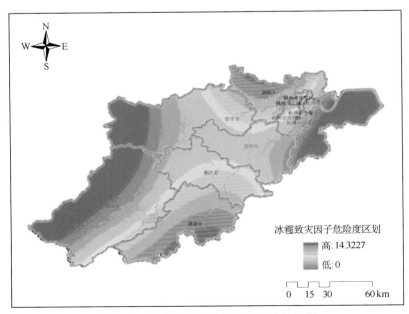

图 2.62　杭州市冰雹致灾因子危险性区划

由图 2.62 可以看出高值区分布在建德市南部和余杭区中东部;次高区分布在临安的东部、富阳的大部分地区以及淳安千岛湖的东部;低值区分布在萧山区和临安的西部。

2.5 强对流天气孕灾环境的敏感性评价

由局地自然环境和人类环境对强对流天气灾害形成和发展的贡献程度称为强对流天气灾害孕灾环境。由于不同性质的强对流天气致灾因子产生于不同条件的孕灾环境系统,研究不同的强对流天气灾害风险需要通过对不同的孕灾环境进行分析,根据灾害类型、致灾强度、致灾频率,由孕灾环境因子建立合理优化的指标组合和权重,来评价其对强对流天气灾害风险的影响。主要影响因素包括:地形高程、地形起伏度、地形坡度、河网密度、植被覆盖度等。

地形条件与强对流天气的发生发展的关系密切,有研究指出:山区的喇叭口地形容易有暴雨发生。山脉的阻碍以及造成的空气被迫抬升、绕流、穿谷流,地形的不同加热和摩擦效应产生的中尺度环流对局地强对流天气有明显作用。而地形起伏度(Relief Amplitude)和坡度(slope)是地貌学中描述地貌形态的两个重要参数,因此,本节采用这两个因子作为影响强对流天气的地形指标。

杭州市地处浙北沿海,地貌复杂多样,山脉纵横,河网密布,该地区一般为强对流天气暴雨多发区,由于杭州中部地区地形复杂,高山林立、河谷纵横且河系密布,这种地势多变的河网区易造成强对流天气,容易造成雷电灾害。

强对流天气还与地表覆盖类型以及森林覆盖程度紧密相关。同样一次强降水天气过程,降落在高密度森林覆盖区和降落在裸露地表上,所产生的致灾效力是迥然不同的。考虑到植被覆盖密度在强对流天气孕灾环境中的重要性,本研究引用森林覆盖率(见第 1 章)。

强对流天气由于降水强度大,极易造成滑坡、泥石流等地质灾害,可以说滑坡、泥石流等地质灾害的发生都是在强降水、大降水的情景下发生的,由杭州市地质环境检测调查大队实测所得的发生在杭州市境内 1930—2009 年间的 1905 个地质灾害,在上册台风一些章节中已有详尽的阐述。

(1)短时强降水灾害孕灾环境敏感性评价

短时强降水的致灾水平与下垫面的具体情况密切相关,综合短时强降水孕灾环境各因子对孕灾环境各影响因素的分析,并结合各种影响因子对杭州局地孕灾环境的不同贡献程度,运用 AHP(层次分析法)设置相应的权重值,利用 ArcGIS 的空间叠加工具,将地形高程、地形起伏度、河网密度、植被覆盖度、地质灾害分布特征信息作为叠加图层,地形起伏度和地质灾害度对强降水孕灾环境的影响较大,强降水在坡度较陡地区更容易造成像山体滑坡这样的地质灾害,另外,河网密集区在强降水天气下,溪流泛滥,水位上涨,严重时会造成河流改道,河流的分布情况也是强降水的孕灾环境的重要组成部分(图 2.63)。

(2)雷雨大风灾害孕灾环境敏感性评价

同样雷雨大风的致灾与下垫面的状况密切相关,综合雷雨大风孕灾环境各因子对孕灾环境各影响因素的分析,并结合各种影响因子对杭州局地孕灾环境的不同贡献程度,运用 AHP(层次分析法)设置相应的权重值,利用 ArcGIS 的空间叠加工具,将地形高程、地形起伏度、河网密度、植被覆盖度等特征信息作为叠加图层(图 2.64),由杭州市雷雨大风天气孕灾环境综合区划图可以反映出:余杭区、萧山区、市区、千岛湖沿岸、富春江边及其支流沿岸、以及青山水库等零星水库附近都是强对流天气孕灾环境非常脆弱的地区,而昱岭、天目山、千里岗山系及龙门山向阳坡、迎风坡均是环境较脆弱的地区。

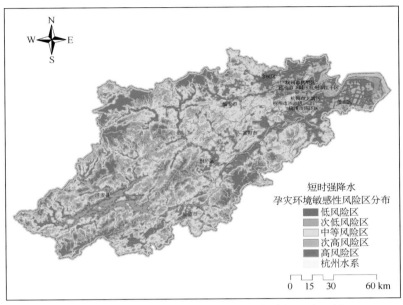

图 2.63　杭州市短时强降水孕灾环境敏感性风险区划

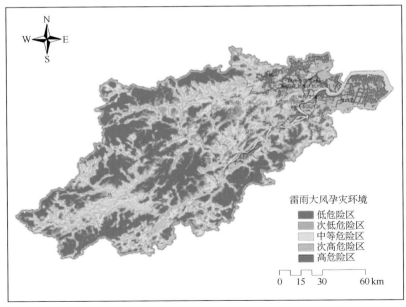

图 2.64　杭州市雷雨大风孕灾环境敏感性风险区划布

(3)冰雹灾害孕灾环境敏感性评价

地形地貌对冰雹的形成有显著的影响,孙旭映通过甘肃永登地区的研究认为,在川区一般冰雹较少,而在半山区和山区较多。王瑾等认为高程是影响贵州降雹分布的最主要地形影响因子,大范围的地势抬升作用有利于降雹。杭州市的地形复杂,本文冰雹孕灾环境的敏感性主要是考虑地形地貌以及下垫面状况,地貌对冰雹的影响主要表现在地形高程、地形起伏度,下垫面状况主要考虑河网密度。结合各种影响因子对杭州局地孕灾环境的不同贡献程度,计算冰雹灾害孕灾环境各个因子的权重系数(图2.65)。

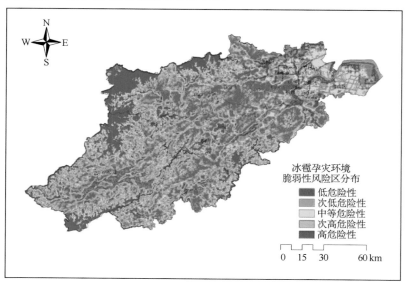

图2.65 杭州市冰雹孕灾环境综合敏感性风险区划

杭州的昱岭、天目山、千里岗山系、龙门山坡等地势较高较陡的均为冰雹发生的高危险区,同时千岛湖沿岸及杭州市区和余杭等河网密集带以及在建德丘陵地带都是冰雹灾害环境非常高的地区。杭州中部大部分地势低处为平原地区低危险区。

2.6 强对流天气承灾体的易损性分析

道路在杭州市中、西部山区道路也较为密集,且呈带状延伸,穿行于河谷之间,地质灾害较为频繁,尤其在临安西部昱岭、清凉峰一带,富阳西北部区域,以及淳安千岛湖沿岸,均沿着乡村道路沿线分布,雷暴天气也会对道路造成很严重的危害。其轻则毁坏局部路段,使交通运行能力下降;重则导致人员伤亡,堵塞乃至长时间中断交通,造成巨大损失。

杭州山区道路沿线受地质、地形和气候条件等因素的控制,具有明显的分布规律。以临安境内东西走向由杭州至昱岭的杭昱线为例,杭昱线清凉峰镇一段具有明显的地带性和地段性特点。该地区地质构造复杂,地形破碎,风化强烈,松散固体物质丰富。

综上所述,在强对流天气风险评价过程中,道路信息的易损特征较为明显,对道路危害非常严重。因此新建或改建线路从展线到施工,都严重地受制于天气状况。因此,本研究考虑通过道路密度来反映杭州道路分布特征和密集程度,并以此作为后续强对流天气风险评价的主要易损对象。

强对流天气中的雷雨大风天气常对河流、湖泊中的渔船、游船、货船等造成影响,河网密度高的地方水运客运、货运量较大,当发生强对流天气时,尤其是在雷雨大风灾害中,易造成湖面、河网上船只倾翻、造成渔民、游客的伤亡及货物、船只等的经济损失,对千岛湖、西湖等游船、游客较密集,富春江流域等游船、渔船较密集的地方影响尤其明显,故河网密度能够代表强对流天气灾害对该地区水运造成经济损失的易损程度。因此,本研究在承灾环境易损性评价中将和网密度作为一项影响因子。

杭州市用电负荷一直高位运行,已达杭州电网预期供电负荷水平,局部区域已满负荷运行,电力系统接近负载承受能力的边缘。虽然用电形势严峻,杭州电力局表示要让电于民,杭州市电力局积极应对,采取多种措施,开源节流,保证了电网安全稳定运行和居民生活用电。表 2.7 是杭州市各市县居民生活用电量统计。

表 2.7　杭州市各市县居民生活用电量统计(单位:KW·H)

地区	2008 年	2007 年	2 年平均
杭州市区	28.05	25.36	26.705
萧山区	7.60	6.73	7.165
余杭区	5.50	4.77	5.135
桐庐县	2.04	2.02	2.03
淳安县	0.77	0.67	0.72
建德市	1.49	1.35	1.42
富阳市	3.31	2.97	3.14
临安市	2.48	2.23	2.355

在雷电灾害风险评价过程中,居民用电量的易损特征较为明显,雷暴活动频繁,对各类用电设备的危害非常严重。因此,本研究考虑通过人均用电量来反映杭州用电量分布特征和密集程度(图 2.68),并以此作为后续雷电灾害风险评价的主要易损对象。

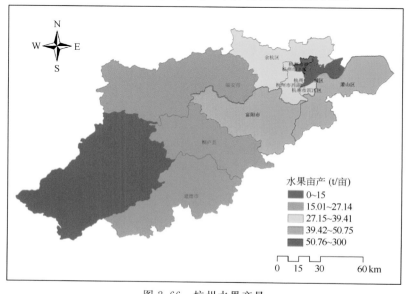

图 2.66　杭州水果产量

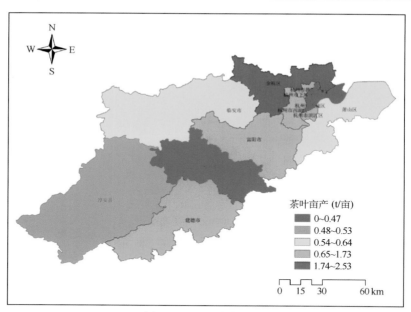

图 2.67　杭州茶树产量

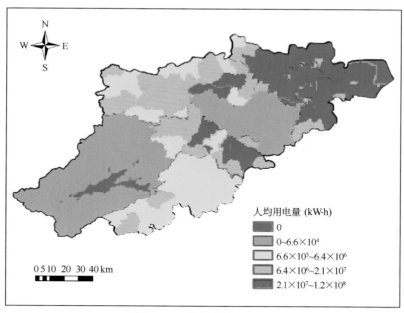

图 2.68　杭州人均用电量

　　人类社会及人类活动,包括人口密度、年龄分布、性别差异以及劳力条件等对强对流天气灾害的抵御能力不同,以年龄分布为例,年龄层次的不同会直接导致抵御强对流天气的能力不同,一般两者呈明显的相关关系,同样年龄层次的差异也会影响个人对灾害应急反应能力的差别。根据灾后灾情统计,妇女、儿童、老人是灾害过程中的主要易损对象,也是灾害防御中的重点人群。

由于强对流天气具有极大的破坏性,包括雷电、短时强降水、雷雨大风、冰雹等都各自有不同的破坏,且强对流天气虽然持续时间短,但是具有强度大、破坏能力强等特点,对杭州而言,一次强对流天气动辄就会造成万以上的经济损失,甚至过百万。况且强对流天气期间的工商业停滞、救灾物资投入、以及其他灾害的延续等严重影响了社会经济发展,并给人民生命财产造成巨大的威胁。另外从财产类型上可分为动产和不动产,不动产主要包括各种土地利用(如房屋、道路、农田、牧场、水域、森林等)和自然资源(矿产、土地资源、生物资源等),动产包括如运输中的货物、各种交通工具等。因此在强对流天气风险易损性区划中,区域经济发展程度、社会财产的空间分布状况具有重要的指示作用。由于承灾体的动态变化对自然致灾因子导致的区域灾情变化会有绝对影响作用,这也被大量的区域灾害案例所解释。

根据杭州历次强对流天气灾损类型与强对流天气因子的关联度分析,选择能够基本反映区域灾损敏度的人口密度、耕地密度、地均 GDP 以及道路密度因子作为易损性评价因素。一般人口密度大、产业活动频繁、耕地分布集中、道路分布密集的区域易损性等级也较高。尤其在强对流天气风险评价中,国内生产总值能够代表强对流天气灾害对该地区造成经济损失的易损程度。因此,本研究在承灾环境易损性评价中将国内生产总值作为一项重要的影响因子。强对流天气是影响杭州市农业生产的重要灾害性天气。强对流天气影响杭州的最频繁时段是在 7—8 月,该时期正值早、晚连作稻生长的关键期,又是旱地作物和柑桔、葡萄等果树的挂果成熟期。农业是一种露天生产和高风险性的产业,一般很难抵御自然灾害的影响,因此农业是遭受自然灾害的损失较大的产业类型。而强对流天气又是影响杭州较为严重自然灾害之一,每次强对流天气都会造成大面积水田受灾和粮食减产,对农业生产和发展造成损害尤为严重。因此,针对杭州市农业生产受强对流天气影响的研究也是必不可少。

由于强对流天气的致灾因素多,灾害涉及面广,受灾情况比较复杂,因此每年的强对流天气造成的灾害程度不尽相同。但是,就杭州市农业生产所对应的强对流天气风险承灾环境而言,易损性较大的区域无非就集中在水田、旱田、茶园、苗圃、果园、农村居民点以及各种经济林木等土地利用类型。根据强对流天气对农业的影响,因此本文将农业产值、农业用地比重、茶叶、水果产量、地均 GDP 作为主要易损对象。

2.7　强对流灾害承灾体易损性评价

承灾体的易损性评价是在对承灾体分类的基础上进行易损等级的划分过程,目的是为区域制定资源开发与减灾规划,防灾抗灾工程建设提供依据。

(1)短时强降水承灾体易损性评价

通过以上对承灾体影响因素的分析,选取人口密度、农业用地比重、道路密度、地均 GDP四项因子作为易损性评价指标,并结合影响因子对杭州强降水灾害风险承灾体的贡献程度,通过专家咨询,运用 AHP(层次分析法)设置相应的权重值,得到短时强降水承灾体易损性风险区划图 2.69。

高风险区集中于人口稠密、农业用地比重大、道路密集的地区。如余杭中部大部分地区、市区、萧山东部,富春江沿岸地区,临安东部等地。富阳中部、桐庐东部,这些地方属于中等易损地区；而千岛湖周边、山区丘陵地带等人口密度小，经济用地少的地区属于低易损地区。

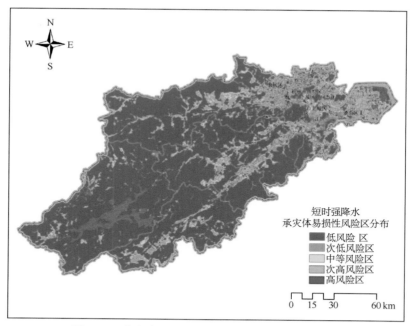

图 2.69　杭州市短时强降水承灾体易损性综合区划

（2）雷雨大风承灾体易损性评价

通过对承灾体影响因素的分析，选取人口密度、农业产值、道路密度、地均 GDP、河网密度、人均用电量作为易损性评价指标，此灾种承灾体的特殊性在于：雷雨大风灾害中，易造成湖面、河网上船只倾翻、造成渔民、游客的伤亡及货物、船只等的经济损失，在人均用电量较大的地区，电线、电线杆等密集，易造成输电设施的刮倒，造成经济损失。通过这些分析，并结合各影响因子对杭州雷雨大风天气灾害风险承灾体的贡献程度，通过专家咨询，运用 AHP（层次分析法）设置相应的权重值，并采用线性加权综合法计算承灾体易损度。

综合承灾体各因子的影响，得到杭州市雷雨大风天气承灾体综合区划图。具有人口密度大、工业集中、道路密度大三个因素共同影响的余杭区大部、萧山区中南部、城区大部、临安东部、富阳市东北部以及桐庐县中部、富春江沿岸地区均属极易损地区；富阳中部、桐庐东部、千岛湖周边，这些地方属于中等易损地区；而山区丘陵地带等人口密度小，经济用地少的地区属于低易损地区。

（3）冰雹承灾体易损性评价

冰雹灾害虽然发生频率低，但是突发性强、破坏力大，尤其对农作物、果树、茶树、蔬菜叶片、果实等影响较大，轻者可以造成减产，严重时刻砸断作物茎干，其次冰雹严重时可导致人畜伤亡，因此本文冰雹的承灾体易损性主要选取农业用地比例、水果产量（图 2.66）、茶树产量（图 2.67）和人口密度四项因子作为易损性评价指标，并结合各影响因子对杭州冰雹灾害风险承灾体的贡献程度，通过专家咨询，运用 AHP（层次分析法）设置相应的权重值。

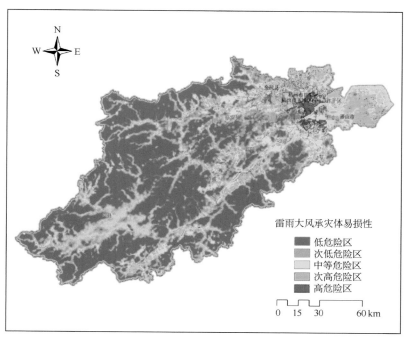

图 2.70　杭州市雷雨大风承灾体易损性综合区划

综合承灾体各因子的影响,得到杭州市冰雹天气承灾体综合区划图,可以看出高风险区集中于河流周围、人口稠密、农业用地比重大和道路密集大的地区。如余杭中部,市区、萧山中东部,富春江沿岸地区,千岛湖周边。富阳中部、桐庐和临安部分地区等属于中等易损地区;而山区丘陵地带等人口密度小,经济用地少的地区属于低易损地区(图 2.71)。

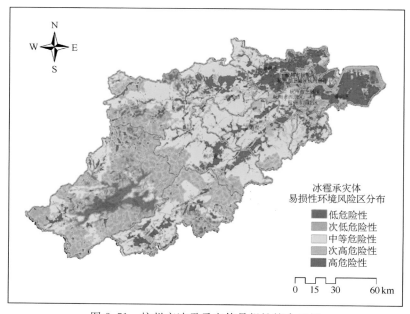

图 2.71　杭州市冰雹承灾体易损性综合区划

2.8 强对流灾害抗灾救灾能力分析

(1)抗灾救灾能力指标

由杭州市及各县市区统计年鉴中能反映防灾救灾能力特征的指标作为评价因子(表2.8、表2.9),通过GIS技术将这些数据按行政边界空间化,并做栅格化处理,然后依据各影响因子的不同权重进行叠加分析,最后得到杭州市强对流天气抗灾能力区划图。

表 2.8 防灾救灾能力指标权重

防灾指标	财政收入	农民人均收入	医疗参保人数	旱涝保收面积比重	医疗救护人员	医疗卫生财政投入	农林水利财政投入	人均用电量
权重值	0.1751	0.1472	0.1116	0.1555	0.1200	0.1321	0.1500	0.0081

表 2.9 2008年杭州各县市区财政收入及农民人均收入统计

县市区	财政收入/万元	农民人均收入/元
下城区	109200	—
西湖区	467000	13015
上城区	636000	—
江干区	466000	13460
拱墅区	367900	12980
滨江区	641800	12809
萧山区	1267988	13814
余杭区	82500	12894
桐庐县	160041	8777
淳安县	85171	6056
建德市	194105	7420
富阳市	450693	11415
临安市	224436	9986

(2)抗灾减灾能力区划

随着强对流天气的破坏强度和灾损程度逐渐加大,以及人类对灾害预测和灾害抵御能力的进一步提高,区域抗灾减灾能力理应在强对流天气风险评价中扮演举足轻重的地位。本研究仅选择了反映防灾救灾能力特征的指标作为评价因子,如各县市农民人均收入、乡镇财政收入、医疗及工伤保险参保人数、医院病床位数、医疗救护人员数,以及对医疗卫生、农林水利上的财政投入和人均用电量等。

区划结果表明:西湖区大部、上城区、拱墅区以及滨江区是杭州市的中心地区,政府及各种医疗单位多位于此地,是抗灾能力强的地区;江干区、下城区、淳安县城区、余杭区和萧山区大部则属于抗灾能力中等和较强的地区。

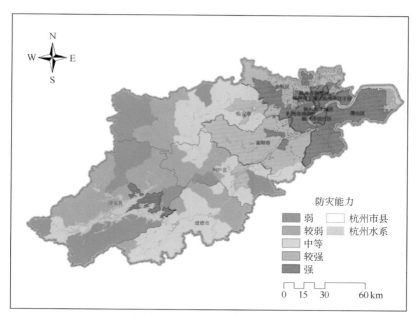

图 2.72　防灾能力综合区划

2.9　强对流天气灾害风险综合区划

综合致灾因子危险性、孕灾环境敏感性、承灾体易损性和防灾能力的区划结果,得到强对流天气主要灾害(雷电灾害见第 1 章、短时强降水、雷雨大风、冰雹)的风险分布,综合这些区划结果,最终实现了强对流天气灾害的风险区划。

2.9.1　短时强降水综合风险区划

表 2.10　杭州市短时强降水综合风险区划评价指标权重

准则层	权重	评价层	权重
致灾因子	0.3120	强降水	0.3120
孕灾情况	0.2084	高程	0.0447
		地形起伏度	0.0597
		河网密度	0.0586
		植被覆盖率	0.0496
		地质灾害危险度	0.0678
承灾体	0.2803	人口密度	0.0875
		道路密度	0.0661
		地均 GDP	0.0506
		农业用地比重	0.0761

（续表）

准则层	权重	评价层	权重
		财政收入	0.0201
		道路密度	0.0268
防灾能力	0.1273	医护水平	0.0498
		人均用电量	0.0102
		基础设施投入	0.0204

从短时强降水灾害综合风险区划图（图2.73）中反映，杭州市短时强降水灾害风险等级与杭州各地短时强降水灾情分布状况基本上是一致的。根据杭州市短时强降水灾害综合风险区划图，可以看出杭州市短时强降水灾害风险整体分布态势从西南内陆区向东北沿海方向递增。山体、河流周围的强降水灾害风险较高。

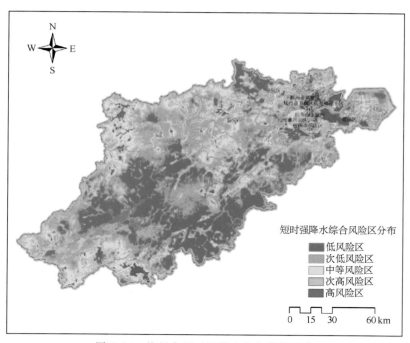

图 2.73　杭州市短时强降水灾害综合风险

高风险和次高风险的区域主要分布在市区、余杭、萧山，钱塘江两岸，临安西部，富春江沿岸地区，（由于该区地处东部沿海，河网密布，水田众多，加之人口密度大，经济总量高，因此短时强降水灾害风险较高。然而正是由于经济发达，财政收入高，则基础设施完善，防灾能力较强，尤其是城区及萧山部分地区，其实际风险等级仅为次高及中等风险），建德西南部，淳安千里岗一带。

中等风险区域集中在中部地区，包括富阳、临安、桐庐以及淳安白际山、千里岗一带，建德李家镇—大同镇—寿昌镇一带。分水江和富春江流域以山地丘陵为主，受短时强降水天气影响有发生短时强降水灾害的危险。但是,该区域经济发展迅速,并具有较强的防灾能力,所以短时强降水灾害风险较东北部地区低。

次低风险和低风险区域位于杭州中西部,主要分布于淳安、建德北部以及杭州中部部分地区。该区域大多是山区,经济相对欠发达,人口主要集中在基础设施良好的城镇,所以短时强降水灾害风险较东北部和中部地区低。

2.9.2　雷雨大风灾害综合风险区划(表 2.11)

从雷雨大风灾害综合风险区划图中反映,杭州市雷雨大风灾害风险等级与杭州各地雷雨大风灾情分布状况是一致的。根据杭州市雷雨大风灾害综合风险区划研究,可以看出杭州市雷雨大风灾害风险整体分布态势从西南内陆区向东北沿海方向递增(图 2.74)。

表 2.11　杭州市雷雨大风综合风险区划评价指标权重

准则层	权重	评价层	权重
致灾因子	0.3120	雷雨大风	0.3120
孕灾环境	0.2404	高程	0.0693
		地形起伏度	0.0432
		河网密度	0.0614
		植被覆盖率	0.0775
承灾体	0.3203	人口密度	0.0582
		农业产值	0.0560
		道路密度	0.0205
		地均 GDP	0.0418
		河网密度	0.0550
		人均用电量	0.0253
防灾能力	0.1273	财政收入	0.0268
		农民人均收入	0.0201
		医疗工伤参保人数	0.0297
		医护水平	0.0204
		基础设施投入	0.0204

高风险和次高风险的区域主要分布在城区、富阳、余杭、萧山、临安东北部一带,由于该区地处东部沿海,河网密布,水田众多,加之人口密度大,经济总量高,因此雷雨大风灾害风险较高。然而正是由于经济发达,财政收入高,则基础设施完善,防灾能力较强,尤其是城区及萧山部分地区,其实际风险等级仅为次高及中等风险。千岛湖流域及富春江流域也有一个高风险带,主要由于大风对湖面船只影响较大,且千岛湖景区人口流动性较大,防灾能力较弱,容易造成灾害。

中等风险区域集中在中部地区,包括临安西部、桐庐以及建德南部山区。这些地方以山地丘陵为主,受雷暴天气影响有发生雷雨大风灾害的危险。但是,该区域经济发展迅速,并具有较强的防灾能力,所以雷雨大风灾害风险较东北部地区低。

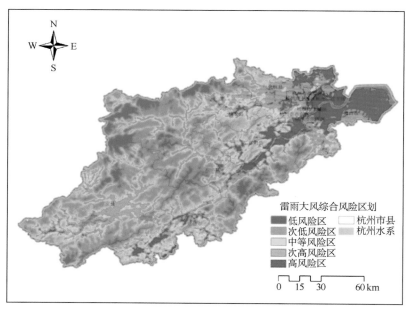

图 2.74　杭州市雷雨大风综合风险区划

　　次低风险和低风险区域位于杭州中西部,主要分布于淳安、建德北部以及杭州中部部分地区。该区域大多是山区,经济相对欠发达,人口主要集中在基础设施良好的城镇,所以雷雨大风灾害风险较东北部和中部地区低。

2.9.3　冰雹灾害综合风险区划

　　根据杭州市的实际情况,考虑到危险性,孕灾环境、承灾体及防灾能力四个按照表 2。12的权重进行叠合分析得到杭州市冰雹灾害的风险区划图(图 2.75)。

表 2.12　杭州市冰雹综合风险区划评价指标权重

准则层	权重	评价层	权重
致灾因子	0.500	测站冰雹日数	0.250
		灾区冰雹日数	0.250
孕灾环境	0.1667	高程	0.0546
		地形起伏度	0.0391
		河网密度	0.0182
承灾体	0.1667	人口密度	0.0271
		茶树产量	0.0150
		果树产量	0.0255
		农业用地比重	0.1131
防灾能力	0.1667	财政收入	0.0435
		农民人均收入	0.0349
		医疗工伤参保人数	0.0267
		医护水平	0.0251
		基础设施投入	0.0365

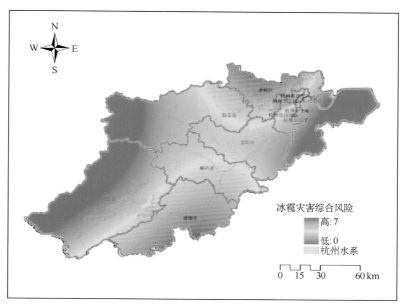

图 2.75　杭州市冰雹灾害综合风险区划

从冰雹灾害综合风险区划图中反映,杭州市冰雹灾害风险等级与杭州各地冰雹灾情分布
状况是一致的。可以看出杭州市冰雹灾害风险整体分布是余杭的大部分地区、建德的中南部
以及在临安的东北部;次高地区为富阳和桐庐的大部分地区、低值区位于淳安和萧山的大部分
地区。由于冰雹给的数据点太少,所以导致与理论值有一些出入,如在千里岗,天目山一带风
险为低值,理论上地形起伏度和高程,以及在市区,如萧山一带河流对冰雹的分布有影响,但是
依然可以看到在建德,丘陵地带的风险较高。

2.9.4　强对流天气灾害综合风险区划

在 Arcgis 中将杭州市雷电灾害综合风险图层,短时强降水综合风险图层,雷雨大风综合
风险图层和冰雹灾害综合风险图层按照各自的权重系数(表 2.13)叠加得到强对流灾害综合
风险分布(图 2.76)。

表 2.13　杭州市强对流天气灾害综合风险区划评价指标权重

准则层	权重
短时强降水	0.5815
雷电(包括雷雨大风)	0.3090
冰雹	0.1095

从强对流天气灾害综合风险区划图可反映出,杭州市强对流天气灾害风险等级和杭州市
各地强对流灾情分布状况是基本一致的。

高风险区和次高风险主要分布在杭州市东部的平原地区,包括余杭中东部、城区、萧山区、
富春江沿岸地区、建德西南部一带。这些区域所属区域地势相对低平,河网密布,为强对流多

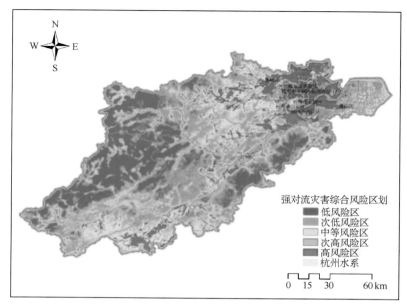

图 2.76　杭州市强对流灾害综合风险区划

发地带,加之人口密度大,经济产量高,耕地面积广,因此强对流天气灾害风险较高。然而正是由于经济发达,财政收入高,则基础设施完善,防灾能力较强,杭州余杭区、萧山区一带其实际风险等级仅为次高及中等风险。

中等风险区为:萧山南部进化镇、浦阳镇一带;临安东北部、富阳中部、淳安千里岗山、白际山一带,建德的李家镇—大同镇一带。分水江和富春江流域以山地丘陵为主,易受强对流天气影响。但是,该区域经济发展迅速,并具有较强的防灾能力,所以强对流天气灾害风险较东北部地区低。

低风险区和次低风险区为:杭州中部地区,包括临安西部、淳安北部、桐庐西部、建德北部。该区域大多是山区,经济相对欠发达,人口主要集中在基础设施良好的城镇,所以强对流灾害风险较东北部低。

2.10　强对流天气灾害风险管理应对策略

强对流天气突发性强,破坏力大,高强度和时间短的特点,发生的时候常常几种灾害同时出现,成灾种类多,破坏力大,常造成严重灾害,目前尚无有效方法进行人为削弱和防治。预防为主,防救结合是减轻强对流灾害影响的有效途径。

主要的措施如下:

(1)提高强对流天气的预报水平,提前预知强对流天气的发生,因地制宜的采取相应的措施,对强对流天气的产生和移动作好预测预报,可利用气象雷达监测,加强气象台、站联防来预报强对流天气的发生,监视它的活动,对强对流天气发生、发展、移动及消亡进行探索、追踪,配合天气形势图分析,有助于判断强对流天气出现地区的预测预报,从而可提高强对流天气的预报水平;及时发布预报信息,以便在强对流天气出现以前采取必要的防御措施。

（2）加强对强对流天气系统的理论研究工作。如加强对强对流天气成因的机理研究，加密监测强对流天气网点，更新监测手段；建立防灾减灾计算机指挥系统，尽快应用于抗灾救灾工作，提高应变能力，对影响本地区的强对流天气灾害进行系统整理，并建立强对流天气数据库和灾情库，及时为政府部门决策和施救提供准确的灾情资料。

（3）改变下垫面

强对流天气的形成需要强烈的空气的上升运动。下垫面的热力差异，是引起空气上升的一个重要因素。在强对流多发地区通过植树造林，绿化荒山秃岭；发展种草业，改良沙丘，提高植被覆盖率；加强水利建设，扩大灌溉面积；培育优良的抗灾作物品种等，可以使下垫面热力性质的差异减少，温度变化趋于缓和，从而削弱空气的上升运动，改变强对流天气灾害的发生。

（4）建立合理的抗灾的农林牧生产结构

强对流天气中对林业和畜牧业相对农业危害较轻，因此在多强对流天气、多灾害地区应加大林牧业的比重。在种植业内部也要调整各种作物的比例，根据强对流天气出现的时间和地点、分布规律，结合各类作物的抗灾能力的大小，通过选择品种和播期，使最不抗灾的作物生育期错开多强对流天气时段，以尽可能避开其危害。

（5）建立、健全防灾减灾体系

通过广播、电视、手机信息、"121"电话等及时传递强对流天气灾害信息，有效的利用电视、广播、报纸、网站等媒体加强对各种强对流的宣传，把预防强对流天气灾害的方法交给群众，提高广大群众防御强对流天气灾害的能力；兴修水利，以防止强对流造成内涝；人工消雹，减弱冰雹的破坏力；作物受灾后及时采取补救措施等，都可以减少强对流天气灾害造成的损失。

（6）提高公众的防范意识

强对流天气灾害常常威胁到人的生命安全，为了减少人员的伤亡，提高公众对强对流天气灾害的防范意识是十分必要的，要让公众在面临灾害时学会保护自身的安全。如在野外，一旦遇到强对流天气，应立即寻找蔽护场所。发生雷雨大风不要骑自行车、摩托车，不要打手机，不要携带金属物体在露天行走，不要在空旷高地上和大树下避雨；发生突发暴雨，如果在山上，不要往山下跑。在飑线系统或者有龙卷风以及其他大风出现时，公众要远离易折断的树木、广告牌以及危房等。此外，要加强对雷电的防范，不要呆在空旷的环境中，应躲避到有避雷设施的建筑物里；如果在室外，有车的话要尽量在车内躲避。

第3章 杭州市大风灾害风险区划

大风是指风力≥8级的风,此时就会引起大风灾害,是我国重要的气象灾害之一。大风灾害破坏严重,它的主要直接危害有:(1)房屋倒塌,建筑物受损。(2)船舶翻沉。(3)电线杆、电线被刮倒。(4)作物倒伏,造成农业减产和绝收。(5)刮翻车辆,形成交通事故。其间接危害也很多,如助长森林火灾,引起风暴潮等。

杭州市作为一个经济发达的城市,一个国际旅游文化名城,大风灾害的预防作为政府工作的重点之一,进行系统的、精细的风险区划是十分迫切。

3.1 资料来源

资料取自杭州市七个国家气象观测站(1958—2010年)基本气象数据,包括最大风速和极大风速:七个国家气象观测站的极大风速数据情况如(图3.1),10 min平均最大风速数据情况如(图3.2),比较(图3.1)和(图3.2)可见,除杭州国家气象观测站有较长时间的日10 min最大风速和日极大风速记录,其余六个国家气象观测站则只有日10 min平均最大风速数据较为完整。

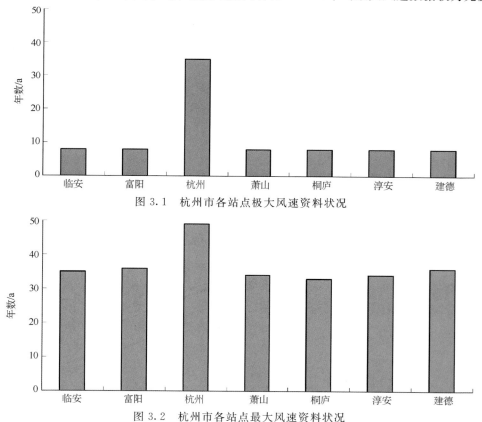

图3.1 杭州市各站点极大风速资料状况

图3.2 杭州市各站点最大风速资料状况

　　根据国家标准规定,将日极大风速在 8 级以上(即极大风速≥17.2 m/s)的日子定义为大风日。造成直接经济损失的大风灾害则主要是瞬时的极大风速,而杭州市各国家气象观测站中只有杭州站有较长的极大风速记录资料,其他站仅开始于 2001 年,因此要取得各观测站长年的极大风速资料则需要推算延长。由气象学可知,平均最大风速与瞬时极大风速之间有良好的相关关系。由此可以以各站同期的平均最大风速向前推算其相应的极大风速,最终得到 1958—2010 年的极大风速资料。又由于各站的极大风速资料长度不一,资料最少桐庐站数据记录是从 1977 开始,本研究在进行比较分析的时候一般采用有比较价值的 1977—2010 年的极大风速资料。

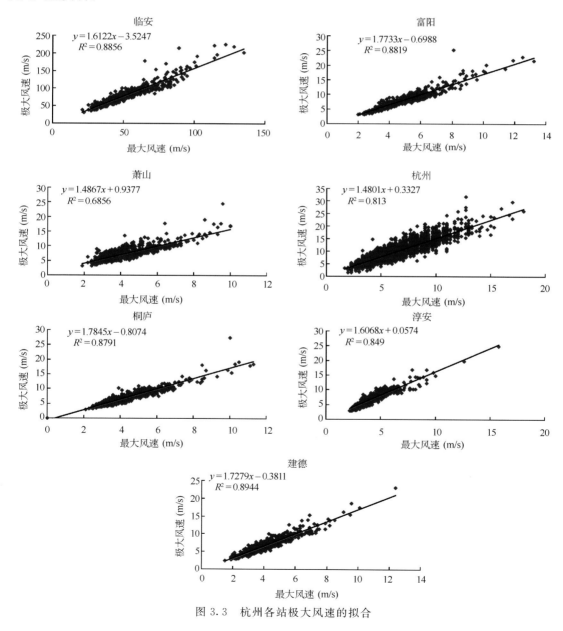

图 3.3　杭州各站极大风速的拟合

3.2 大风基本特征

3.2.1 极大风速的年际、月际变化特征

图 3.4 是杭州市 1977—2010 年各国家气象观测站极大风速的年际变化。可见,各站极大风速极值变化并没有明显的趋势,各地一般在 13.0~ 34.7 m/s。其中萧山站和杭州站在 1988 年 8 月 8 日极大风速分别达到 34.7 m/s 和 34.4 m/s 为极大风速极大值。富阳站在 2004 年 4 月 30 日极大风速达到 33.8 m/s 的极大值。

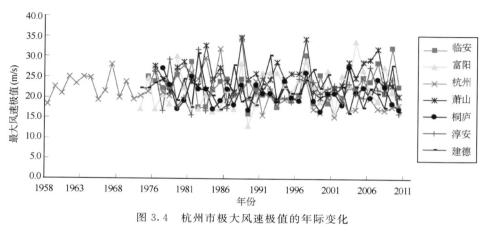

图 3.4　杭州市极大风速极值的年际变化

图 3.5,图 3.6 是杭州市 1977—2010 年各国家气象观测站极大风速的年变化。由图 3.5 知,各站极大风速极值月际变化没有明显的趋势,其一般在 15.8~34.7 m/s。其中萧山站在 1988 年 8 月 8 日极大风速达到 34.7 m/s。

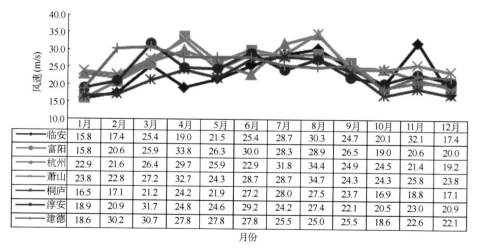

	1月	2月	3月	4月	5月	6月	7月	8月	9月	10月	11月	12月
临安	15.8	17.4	25.4	19.0	21.5	25.4	28.7	30.3	24.7	20.1	32.1	17.4
富阳	15.8	20.6	25.9	33.8	26.3	30.0	28.3	28.9	26.5	19.0	20.6	20.0
杭州	22.9	21.6	26.4	29.7	25.9	22.9	31.8	34.4	24.9	24.5	21.4	19.2
萧山	23.8	22.8	27.2	32.7	24.3	28.7	28.7	34.7	24.3	24.3	25.8	23.8
桐庐	16.5	17.1	21.2	24.2	21.9	27.2	28.0	27.5	23.7	16.9	18.8	17.1
淳安	18.9	20.9	31.7	24.8	24.6	29.2	24.2	27.4	22.1	20.5	23.0	20.9
建德	18.6	30.2	30.7	27.8	27.8	27.8	25.5	25.0	25.5	18.6	22.6	22.1

月份

图 3.5　杭州市极大风速极值的月变化

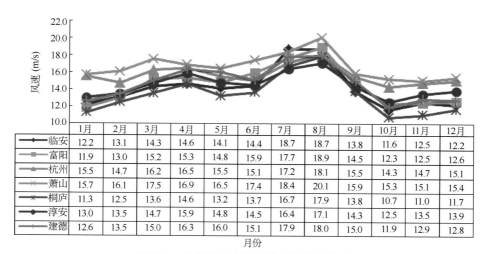

图 3.6　杭州市极大风速月平均值的变化

由图 3.6,各站极大风速的月平均值曲线基本叠合,反映出极大风速平均分布特征比较一致,极大风速月平均值在 4 月和 7~8 月较大,在 10 月则较小,其值一般在 10.7~20.1 m/s,极大风速月平均值的极大值出现在萧山站的 8 月,约为 20.1 m/s,极小值出现在桐庐站的 10 月,为 10.7 m/s。各站极大风速的月平均值萧山站在各个月份普遍最高,桐庐相对较低。

3.2.2　大风日数的年际,月际变化特征

图 3.7 是杭州市 1977—2010 年各国家气象观测站大风日数的年际变化。可见,各站大风日数有减少趋势,年际变化来看,各站大风日数曲线不太叠合,反映的年大风日数特征信息并不一致。其中杭州在 1981 年大风日数达到 16 日的极值,萧山在 1977 年大风日数达到 11 日的极值,富阳在在 1991 年大风日数达到 10 日的极值。

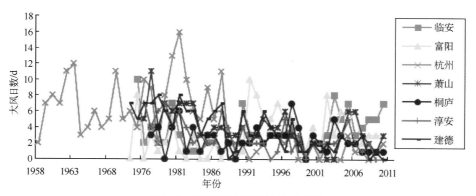

图 3.7　杭州市大风日数的年变化

图 3.8 是杭州市 1977—2010 年各国家气象观测站大风日数的年际变化。由图可知,各站大风日数的分布曲线基本叠合,反映出大风日数分布特征比较一致,大风日数月分布在 4 月和 7—8 月分别达到一个较小和较大的顶峰,在 10 月则出现一个谷底,大风日数月值的极大值出现在杭州的 8 月。各站分布上来看,各个月份杭州站累积大风日数较多,桐庐站累积大风日数较少。

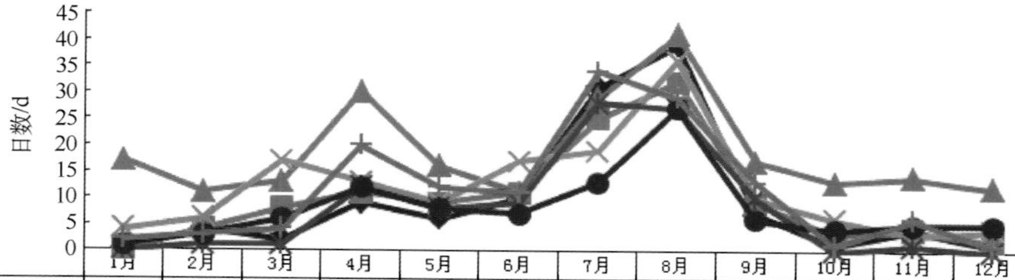

	1月	2月	3月	4月	5月	6月	7月	8月	9月	10月	11月	12月
临安	0	4	2	9	6	10	31	39	7	1	4	1
富阳	0	4	8	11	9	11	25	32	9	3	4	2
杭州	17	11	13	30	16	11	29	41	17	13	14	12
萧山	4	6	17	13	9	17	19	36	10	6	3	4
桐庐	0	1	1	12	8	9	28	27	10	0	1	0
淳安	1	3	6	12	8	7	13	27	6	4	5	5
建德	2	3	4	20	12	11	34	29	13	1	6	1

月份

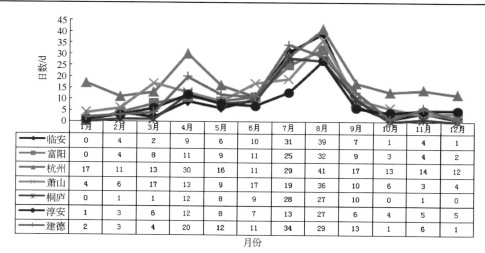

图 3.8 杭州市大风日数的累积月变化

3.2.3 杭州大风分类

本研究从大风形成角度将杭州的大风类型划分为台风大风、强对流大风以及寒潮大风等三类。图 3.9 表示历年间杭州市各国家气象站点的台风大风、强对流大风以及寒潮等其他大风的大风日数百分比,其中强对流大风日数所占比例明显高于台风大风和寒潮等其他大风,这主要是由于强对流大风发生次数较多,影响时期长所致;寒潮等其他大风占大风日数比重超过35%,台风大风日数所占比重最小,仅有 16%。因此,杭州地区大风强对流大风所占比重最大,尤以临安、富阳、桐庐、建德最为明显,均在 50%以上;萧山最小,也有 33.86%。寒潮等其他大风所占比例居第二,在杭州、萧山、淳安比例较大,分别为 43.20%、48.82%、41.30%;建德最小,仅有 19.09%。台风大风发生相对较少,居第三,主要集中在杭州、临安、萧山,大风日数比例分别为 17.60%、17.82%和 17.32%;桐庐较少,大风日数比例仅为 9.64%。但台风大风来势凶猛,强度大,常伴随洪涝和地质灾害,这在上册中已有详细阐述。

(1)杭州台风大风

与上册台风部分相比,本节并没有按各次台风过程进行划分,而是将所有台风进行年际分析。根据杭州各地气象数据分析,杭州各气象站台风大风的基本特征见表 3.1。由于各统计数据的起始年份不一,年平均台风大风日数和台风大风极值比较意义较强。

表 3.1 杭州市各气象站台风大风的基本特征

站点	起始年份	台风大风累大风日数/d	年台风大风日数最大值/d	年平均台风大风日数/d	台风大风极值/(m/s)
临安	1975	21	4	0.60	30.3
富阳	1974	17	4	0.47	28.9
杭州	1958	35	3	0.71	34.4
萧山	1976	22	3	0.65	30.7
桐庐	1977	8	2	0.24	24.4
淳安	1976	17	2	0.44	27.4
建德	1974	25	4	0.69	22.1

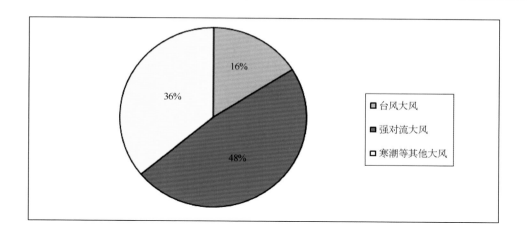

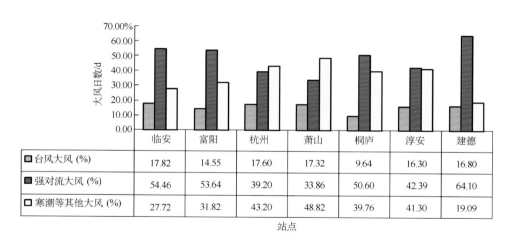

图 3.9　1977—2010 年杭州市各地不同大风类型的大风日数比例分布

①大风日数

从年平均台风大风日数上来看,杭州、建德地区年平均台风大风日数较多,分别为 0.71 天和 0.69 天,桐庐地区的 0.24 天最少。杭州各地台风日数分布基本呈现出由西向东增加的趋势。

②台风大风极值

从台风大风极值可以看出,台风大风极值杭州各地在 22.1～34.4 m/s,杭州市台风大风极值的最大值为 1988 年杭州的 34.4 m/s,其次为 1988 年萧山的 30.7 m/s。台风大风极值与平均台风大风日数一样有由西向东增加的趋势。

(2) 杭州强对流大风

强对流大风是由于大气的水平受热不均匀引起的空气进行一种小尺度铅直运动所导致的天气现象,是指强对流云团在小尺度天气系统下生成的短时强降水。由于强对流天气发生突然、天气剧烈、破坏力极强,其危害极大。

根据国家气象观测站数据分析强对流大风的 1977—2010 年杭州市各国家气象观测站强对流大风的基本特征如表 3.2 所示。

表 3.2　杭州市各国家气象观测站强对流大风的基本特征

站点	起始年份	强对流大风累大风日数/d	年强对流大风日数最大值/d	年平均强对流大风日数/d	强对流大风极值/(m/s)
临安	1975	62	8	1.77	32.1
富阳	1974	65	6	1.81	33.8
杭州	1958	91	7	1.86	31.8
萧山	1976	43	4	1.30	34.7
桐庐	1977	43	5	1.30	27.5
淳安	1976	37	5	1.12	31.7
建德	1974	87	6	2.42	30.7

①强对流大风日数

从年平均强对流大风日数上来看,杭州各地年平均强对流大风日数差异不太大,一般在 1.12～2.42 d,建德地区年平均强对流大风日数较多,为 2.42 d,淳安地区的 1.12 d 最少。杭州各地的年平均强对流大风日数并没有一个明显的空间分布趋势。

②强对流大风极值

从强对流大风极值可以看出,强对流大风极值杭州各地在 27.5～34.7 m/s,杭州市强对流大风极值的最大值为 1988 年萧山的 34.7 m/s。杭州各地的强对流大风极值并没有一个明显的空间分布趋势。

（3）寒潮等其他大风

为了方便统计,我们把除了台风大风和强对流大风以外的大风称为其他大风。它主要包括寒潮大风等天气。根据杭州各地气象数据分析,杭州各气象站寒潮等其他大风的基本特征如表 3.3 所示。

表 3.3　杭州市各国家气象观测站寒潮等其他大风的基本特征

站点	起始年份	寒潮等其他大风累大风日数/d	寒潮等其他风大风日数最大值/d	年平均寒潮等其他大风日数/d	寒潮等其他大风极值/(m/s)
临安	1975	30	5	0.91	22.2
富阳	1974	36	6	1.03	30.0
杭州	1958	104	9	2.12	24.8
萧山	1976	67	8	1.97	34.2
桐庐	1977	32	4	1.03	27.0
淳安	1976	45	7	1.32	25.8
建德	1974	24	3	0.67	30.2

①寒潮等其他大风日数

从年平均其他大风日数上来看,杭州各地年平均其他大风日数差异不太大,一般在0.67～2.12 d,杭州地区年平均其他大风日数较多,为2.12 d,建德的0.67 d最少。杭州各地的年平均其他大风日数并没有一个明显的空间分布趋势。

②寒潮等其他大风极值

从寒潮等其他大风极值可以看出,杭州各地极值在22.2～34.2 m/s,杭州市寒潮等其他大风极值的最大值为1997年萧山的34.2 m/s。杭州各地的其他大风极值并没有一个明显的空间分布趋势。

3.3　大风灾害灾情分析

杭州地形复杂多样,受大风灾害影响严重。杭州市各级政府每年投入了大量的人力物力,建立了各种防御工事和预案,旨在减轻大风天气带来的灾害。本章基于1985—2010年杭州大风灾害资料的分析表明:杭州地区大风灾害灾情主要表现在房屋倒损、农作物倒伏及直接经济损失等方面。

根据1984—2008年的大风灾害灾情记录,25 a间杭州市各区县共有80起大风灾害灾情记录,其中16 a有详细损失描述的灾情记录。直接经济损失较大(超过1000万元)的集中在1989、2005、2006、2007年这四年中。各地灾情记录以临安和市辖区为最多,分别为19次和15次(图3.10),若从经济损失角度与灾害次数的关系考虑,则根据灾情记录,建德市和萧山区发生的大风灾害都造成了一定的直接经济损失,属于逢灾必损的地区。市辖区虽然有灾情记录,但是无直接经济损失记录,考虑到市区的防灾能力强于其他地区,这种对比情况也突出了防灾能力在人类面对自然灾害时的重要性。

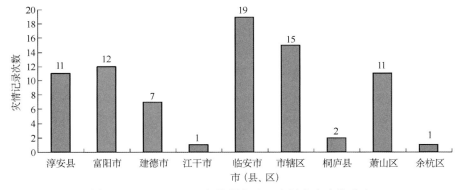

图 3.10　1984—2008 年杭州各地区大风灾害灾情分布

根据杭州各县市大风灾害的灾情记录结果,大风灾害对杭州的成灾形式包括直接经济损失、农作物受灾面积、倒塌房屋等类型。但由于部分灾害类型的记录缺失,灾情信息时序不统一,以及在灾情采集过程中存在的人为误差,况且灾情本身就存在模糊性及不确定性,从而无法将所有的灾情记录都纳入分析过程。本研究选取直接经济损失/万元、损房屋/间、农作物受损数/公顷三个指标分析灾情程度。其中倒损房屋包括倒塌房屋数和受损房屋数;受损农田包括农作物受灾面积和农作物成灾面积数。

（1）直接经济损失

根据 1984—2008 年 25 a 的大风灾害灾情记录，绘制这 25 a 间的直接经济损失图（图3.11）。表现出大风灾害的发生比较频繁，在 1989 年和 2006 年达到最高，大风灾害造成的经济损失较高，分别为：9002 万元和 5151.5 万元。

根据灾情记录，可以看出大风灾害的具体表现形式。如萧山地区在 1989 年 6 月 27 日下午 17 时东部 8 个乡镇遭受大于等于 8 级大风袭击，造成了 9000 万元的直接经济损失。

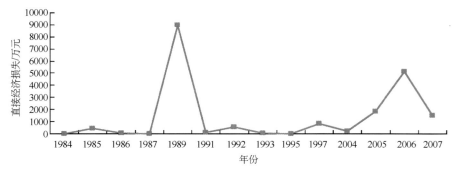

图 3.11　1984—2008 年大风灾害直接经济损失分布

（2）农作物受损面积

反映农业气象灾害灾情的指标一般有受灾面积、成灾面积、粮食灾损量等（按照我国民政部门的规定，因灾而使农作物减产为受灾、减产幅度在 3 成以上的为成灾，其中减产 3～5 成为轻灾，5～8 成为重灾，8 成以上为绝收），每种指标都从不同的角度反映了灾害程度及其对农业系统的影响程度。这里选取农业受灾面积、成灾面积及其相关统计指标，分析杭州市大风灾害对农业影响的统计特征。

根据 1984—2008 年间的大风灾害灾情记录，绘制大风灾害中农作物的受损面积统计图（图 3.12），可以看出 1997 年为大风灾害灾情最严重的一年，农作物受灾面积 5000 km^2，成灾 3000 km^2。

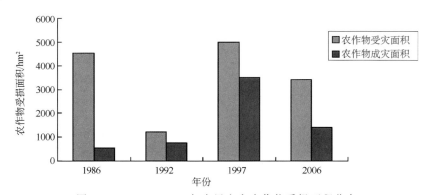

图 3.12　1984—2008 年大风灾害农作物受损面积分布

1997 年 5 月 12 日建德市新安江、大同、上马、李家、下涯、乾潭等受不同程度灾害，据统计有 5000 km^2 小麦受灾，其中成灾 3500 km^2，倒塌民房 260 多间，受损 4000 多间，刮走瓦片 1000 多万片，受灾人口 20 万，预计直接经济损失 800 万元。

（3）房屋倒损

大风灾害对房屋的破坏作用主要从倒塌房屋数和损坏房屋数两个指标考虑，"倒塌房屋"是指全部倒塌或房屋主体结构遭受严重破坏无法修复的房屋数量，在对该项灾情进行统计时，以自然间为计算单位，辅助用房、活动房、工棚、简易房和临时房屋均不在统计范围之列；"损坏房屋"是指主体结构遭到一般破坏、经过修复可以居住的房屋，统计时，与倒塌房屋指标的统计相同。

根据 1984—2008 年间的大风灾害灾情记录，绘制大风灾害倒损房屋统计图（图 3.13），可以看出，1985 年损坏房屋约 1700 间，为 25 a 间房屋倒损的最高纪录。

市辖区 1985 年 7 月 13 日 15：46 至 16：10 刮起大风，最大风速达 31.8 m/s，损坏房屋 12000 间，倒塌房屋 500 间。

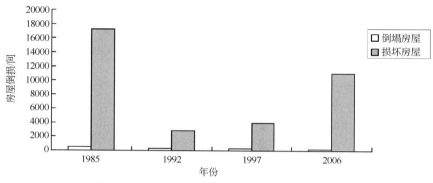

图 3.13　1984—2008 年大风灾害房屋倒损分布

3.4　大风灾害致灾因子危险性评价

极大风速是造成大风灾害的主导因素，具有极强的瞬时性和破坏性，包括摧毁房屋、掀翻船只、毁坏园林、吹倒庄稼树木等。因此，本研究以极大风速和大风日数作为影响杭州的大风灾害的危险性评价指标，分析大风的致灾特征。

通过对 2000 年以后 50 余个气象站点极大风速数据的插补延伸，应用 ANUSPLIN 气象插值模型，对杭州市极大风速均值以及七级，八级，九级以上大风日数进行空间插值，得到极大风速均值和七级，八级，九级以上大风日数的空间分布（图 3.14，图 3.15，图 3.16，图 3.17）。

3.4.1　极大风速均值空间分布

图 3.14，从杭州全域来看，萧山地区，余杭区，杭州市区等东北部平原区受台风影响，极大风速较大，临安地区西北与东北部高山地区极大风速较大，中部谷地地区较小；中西部山区，高处风速较高，其他地区尤其是低山丘陵、山垄谷地极大风速相对较小；从杭州地形高程分布来看，较为突出的山顶、山岗、迎风坡的极大风速比较大，这也证实风速随高度升高而增大的客观规律。

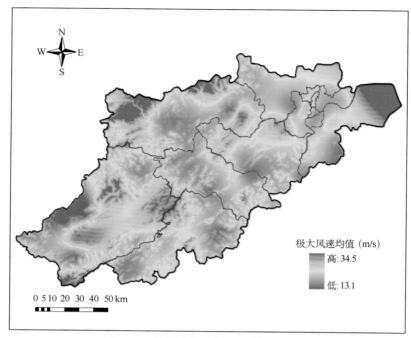

图 3.14　杭州市极大风速均值空间分布

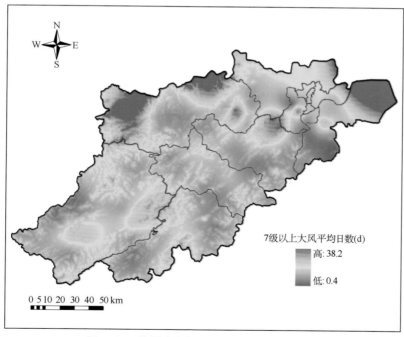

图 3.15　杭州市七级以上大风日数空间分布

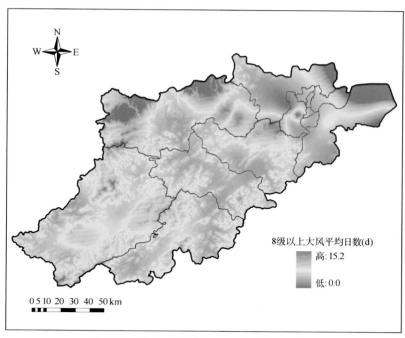

图 3.16 杭州市八级以上大风日数空间分布

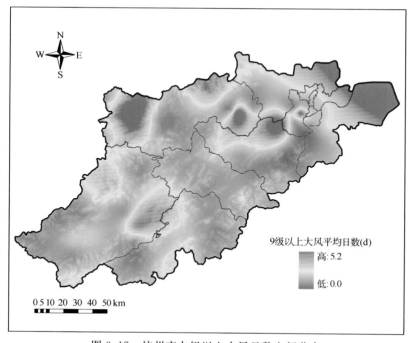

图 3.17 杭州市九级以上大风日数空间分布

3.4.2 大风日数空间分布

综合图 3.15,图 3.16,图 3.17,可以对比发现大风日数在不同等级极大风速划分下的空间分布的异同。不难发现，各级大风日数与大风极值的空间分布情况总体上是一致的，萧山地区等台风主要影响区和各地高山地区大风日数较大，低山丘陵、山垄谷地大风日数相对较小。另外，除有些高山的西湖区外的杭州市区，萧山西南部地区和余杭西北部地区受九级以上的极端大风影响日数较八级以上大风的影响日数而言相对减少。

3.4.3 杭州市大风重现期

根据杭州市国家气象观测站 1958—2010 年极大风速和最大风速资料处理出各站逐年的极大风速与大风日数。由于各站实际情况有所差异，研究中采取各站结合 EasyFit 5.3 进行单独分析获取各自概率分布模型的方法求取杭州市极大风速极值重现期与大风日数重现期。

分析结果表明：在极大风速极值重现期的计算中，富阳站数据分布与对数逻辑斯谛克分布（Log-logistic distribution）较吻合，其他站数据分布与 Frechet 分布较吻合。在大风日数重现期的计算中，富阳站数据分布与正态逻辑斯谛克分布（Lognormal distribution）较吻合，建德站数据分布与伽马分布（Gamma distribution）较吻合，其他站数据分布与帕雷托 2 分布（Pareto2 distribution）较吻合。这些分布模型均通过了 95％置信水平的 A-D 检验。各站相应分布函数的估计参数见表 3.4、表 3.5。

依据选定的概率分布函数计算得出的各国家观测站极大风速极值和大风日数重现期就间接反映了杭州市遭受不同等级大风灾害的潜在可能性。

表 3.4　杭州市国家气象观测站年极大风速极值累积分布函数估计参数

台站	累积分布函数	函数估计参数
临安	$F(x) = \exp\left(-\left(\dfrac{\beta}{x-\gamma}\right)^{\alpha}\right)$	$\alpha = 7.3562$ $\beta = 20.463$ $\gamma = 0$
杭州		$\alpha = 6.6079$ $\beta = 19.454$ $\gamma = 0$
萧山		$\alpha = 8.3028$ $\beta = 28.55$ $\gamma = 0$
桐庐		$\alpha = 7.9998$ $\beta = 19.295$ $\gamma = 0$
淳安		$\alpha = 7.2071$ $\beta = 19.918$ $\gamma = 0$
建德		$\alpha = 7.3266$ $\beta = 19.952$ $\gamma = 0$

（续表）

台站	累积分布函数	函数估计参数
富阳	$F(x) = \left(1 + \left(\dfrac{\beta}{x-\gamma}\right)^{\alpha}\right)^{-1}$	$\alpha = 7.4326$ $\beta = 20.094$ $\gamma = 1.4431$

表 3.5　杭州市国家气象观测站年大风日数累积分布函数估计参数

台站	累积分布函数	函数估计参数
临安		$\alpha = 138.07$ $\beta = 442.6$
杭州	$F(x) = 1 - \left(\dfrac{\beta}{x+\beta}\right)^{\alpha}$	$\alpha = 152.59$ $\beta = 699.8$
萧山		$\alpha = 352.66$ $\beta = 1362.5$
桐庐		$\alpha = 298.18$ $\beta = 566.02$
淳安		$\alpha = 225.65$ $\beta = 657.63$
建德	$F(x) = \dfrac{\Gamma_{(x-\gamma)}/\beta(\alpha)}{\Gamma(\alpha)}$	$\alpha = 2.4277$ $\beta = 1.6477$ $\gamma = 0$
富阳	$F(x) = \Phi\left[\dfrac{\ln(x-\gamma) - \mu}{\sigma}\right]$	$\sigma = 0.67236$ $\mu = 1.2416$ $\gamma = 0$

从极大风速极值重现期(图 3.18)来看各基本气象站概率曲线走向较一致,表明杭州市在遭受一次大风灾害时,各气象站受灾程度的变化幅度基本一致。萧山的指标要明显高于其余各站。杭州由于个别年份极大风速极值较大,因此后期曲线的上升幅度较大。在 2 a 一遇的指标上,各站极大风速最大值均在 21.0 m/s 左右,如杭州为 20.6 m/s;在 5 a 一遇的指标上,各站极大风速最大值均在 25.0 m/s 左右,如杭州为 24.4 m/s。在 10 a 一遇的指标上,各站极大风速最大值均在 27.0 m/s 左右,杭州达 27.3 m/s。在 20 a 一遇的指标上,各站极大风速最大值均在 30.0 m/s 左右,如杭州为 30.5 m/s。

在 30 a 一遇的指标上,萧山极大风速最大值最高,达到了 35.4 m/s;富阳、杭州的极大风速最大值较高一些,也在 32.5 m/s 左右;临安、桐庐和建德的极大风速最大值均在 31.4 m/s 左右。

在 50 a 一遇的指标上,萧山极大风速最大值最高,达到了 37.7 m/s;富阳、杭州的极大风速最大值较高一些，也在 35.0 m/s 左右；临安和桐庐的极大风速最大值均在 33.5 m/s 左右。

在 100 a 一遇的指标上，萧山极大风速最大值最高，达到了 41.0 m/s；富阳、杭州的极大风速最大值较高一些，也在 39.5 m/s 左右；临安和桐庐的极大风速最大值均在 36.5 m/s 左右。

极大风速极值重现期与大风日数重现期各曲线走向有所差别，但杭州和萧山的极大风速极值还是相对较高，较易出现大风灾害。

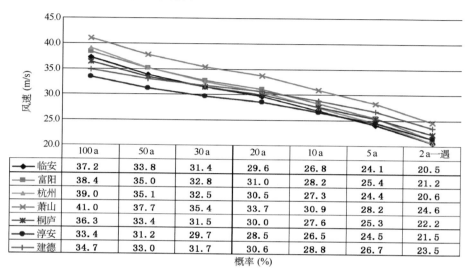

	100 a	50 a	30 a	20 a	10 a	5 a	2 a 一遇
临安	37.2	33.8	31.4	29.6	26.8	24.1	20.5
富阳	38.4	35.0	32.8	31.0	28.2	25.4	21.2
杭州	39.0	35.1	32.5	30.5	27.3	24.4	20.6
萧山	41.0	37.7	35.4	33.7	30.9	28.2	24.6
桐庐	36.3	33.4	31.5	30.0	27.6	25.3	22.2
淳安	33.4	31.2	29.7	28.5	26.5	24.5	21.5
建德	34.7	33.0	31.7	30.6	28.8	26.7	23.5

概率 (%)

图 3.18　杭州市极大风速极值重现期

在大风日数重现期（图 3.19）中，各台站概率曲线的走向也比较一致。杭州和萧山在除 2 a 一遇外的各种概率下出现的大风日数均明显高于其他 5 个站，尤以杭州为甚。桐庐曲线变化幅度相对较小，百年一遇的情况下日数也不超过 10 d，说明不易出现大风天气。

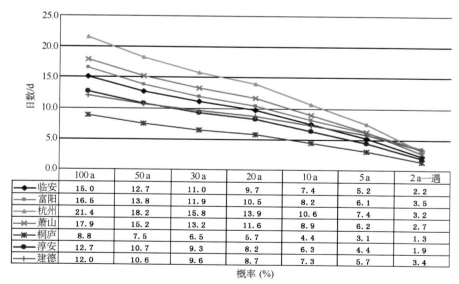

	100 a	50 a	30 a	20 a	10 a	5 a	2 a 一遇
临安	15.0	12.7	11.0	9.7	7.4	5.2	2.2
富阳	16.5	13.8	11.9	10.5	8.2	6.1	3.5
杭州	21.4	18.2	15.8	13.9	10.6	7.4	3.2
萧山	17.9	15.2	13.2	11.6	8.9	6.2	2.7
桐庐	8.8	7.5	6.5	5.7	4.4	3.1	1.3
淳安	12.7	10.7	9.3	8.2	6.3	4.4	1.9
建德	12.0	10.6	9.6	8.7	7.3	5.7	3.4

概率 (%)

图 3.19　杭州市大风日数重现期

在 2 a 一遇的指标上,各站大风日数最大值均在 3 d 左右,如杭州的 3.2 d。

在 5 a 一遇的指标上,杭州大风日数最大值最高,达到了 7.4 d;富阳、萧山的大风日数最大值较高一些,也在 6.0 d 左右;临安和建德的大风日数最大值均在 5.5 d 左右。

在 10 a 一遇的指标上,杭州大风日数最大值最高,达到了 10.6 d;富阳、萧山的大风日数最大值较高一些,也在 8.5 d 左右;临安和建德的大风日数最大值均在 7.3 d 左右。

在 20 a 一遇的指标上,杭州大风日数最大值最高,达到了 13.9 d;富阳、萧山的大风日数最大值较高一些,也在 10.5 d 左右;临安、淳安和建德的大风日数最大值均在 8.5 d 左右。

在 30 a 一遇的指标上,杭州和萧山大风日数最大值最高,分别达到了 15.8 d 和 13.2 d;富阳、临安的大风日数最大值较高一些,也在 11.5 d 左右;淳安和建德的大风日数最大值均在 9.3 d 左右。

在 50 a 一遇的指标上,杭州和萧山大风日数最大值最高,分别达到了 18.2 d 和 15.2 d;富阳、临安的大风日数最大值较高一些,也在 13.0 d 左右;淳安和建德的大风日数最大值均在 10.5 d 左右。

在 100 a 一遇的指标上,杭州和萧山大风日数最大值最高,分别达到了 21.4 d 和 17.9 d;富阳、临安的大风日数最大值较高一些,也在 15.5 d 左右;淳安和建德的大风日数最大值均在 12.0 d 左右。

总体来说,各级大风速极值重现期与大风日数重现期各曲线走向有所差别,但杭州和萧山的极大风速极值还是相对较高,较易出现大风灾害。

3.4.4　杭州市大风灾害危险度分析

用 8 级以上大风日数和极大风速均值来表示大风灾害的频数和强度分布状况。8 级以上大风日数越多,大风发生越频繁,极大风速均值越高,当地可能发生的大风强度越大,大风灾害发生的危险性就越高。对以上两种影响因素进行分析,并结合两种影响因子的不同贡献程度,运用 AHP(层次分析法)设置相应的权重值,将大风日数空间分布与极大风速均值空间分布分别赋予权重 0.5422 和 0.4578 后叠合,得出杭州市大风风险的空间分布(如图 3.20)。可知,萧山东北部围垦区一带和临安市西北部的天目山、百丈岭以及其他高山地区等存在极高大风风险;余杭,下沙,萧山东部以及富阳,余杭,西湖区交界处山区存在较高大风风险,杭州市区等东部平原地区普遍存在一般大风风险,富阳,桐庐,淳安,建德的大部分山谷丛林地区大风风险较低。

杭州市的地势是以西南向东北逐步倾斜,三面环山,向东北开口。本地区北部以平原为主,中部和南部以丘陵山地为主,巨大的新安江和富春江水库在淳安和建德县境内。在杭州东部地区大风灾害的产生主要受台风影响,而在其他地区,大风灾害的分布受山地影响较明显。杭州主城区所遭受的大风灾害除了受台风影响外,大多是由于城市的发展,"热岛效应"和高层建筑"狭管效应"促使城市街巷内小尺度、瞬时强风呈增强趋势产生的,市区由于台风带来的狂风和这种小尺度强对流引起的大风,常常会吹倒户外广告牌、树木、破坏建筑物等等,容易造成人员伤亡与经济损失。余杭东北部地区主要受台风影响,由于水系发达,河网密布,余杭地区种植有大量水田,每年的台风多发时节,大量田地受害,倒伏严重,致使余杭东北部农业受到很大破坏。临安的天目山、百丈岭、清凉峰等山区大风风险较高,临安的山区种有大面积核桃树、毛竹、茶树等经济作物,因此较高的大风灾害危险性常造成严重的经济损失。

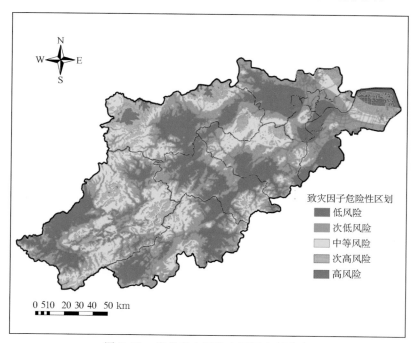

图 3.20　杭州市大风致灾因子空间分布

萧山区中东部地区是大片耕地和水产养殖场,受风暴潮威胁严重,当地居民经常遭受巨大的经济财产与生命安全损失。从国家观测站的统计数据中可以看出,萧山站的极大风速极值处于 7 站之首,大风日数也在前列,足见萧山地区面临大风威胁之大。由于余杭区,萧山区与杭州市区东部,临安北部山区均有着较高的大风灾害危险性分布,因此需要重点防御。从历史灾情上看,萧山区曾遭受严重的大风灾害。其中,2007 年 6 月 10 日受少见的大风影响,林木被刮倒,建筑物受损,供电设备被破坏,造成一些地方的短暂停电,益农、宁围、戴村、义桥镇、农业开发区等十多个地方的农作物受灾严重。

因此,我们既要加强主城区的大风灾害防御,更要针对乡村地区危房,线路,农业的分布状况,制定相应的防御措施提高房屋,线路和农作物的防风能力,保障乡村地区居民的生产生活安全。而西部山区的大风灾害多发生在丘陵山地,对农业生产、春花及其他经济作物的生长都造成不同程度的严重影响;大风刮倒电线杆,破坏乡镇的供电线路,居民的电力通讯将受到严重影响;在河流水系区域,大风导致的船只事故也屡见不鲜,船只避港工作也需要认真对待。

3.5　大风灾害孕灾环境敏感性分析

3.5.1　孕灾环境评价指标分析

地形海拔高度与大风的关系是密不可分的,一般来说,风速随高度增加而递增,加之高海拔地区无遮挡地物。因此地势较高比地势较低的地区更容易遭受大风的侵袭,即绝对高程越高的地方,大风危险性越大。

在大风灾害孕灾环境分析中,考虑到较低级大风就可对航运和水上旅游业产生极大危害的特殊性,着重考虑河网水系对大风的影响。河网水系的区域性分布特征是十分重要的影响因素,在很大程度上影响了评价区域遭受大风的难易程度。一般而言,距离河道愈近的地方,遭受大风灾害侵袭时产生的危害愈大,即大风灾害危险性越大。

大风灾害还与当地的地表覆盖类型、土壤土质以及森林覆盖程度紧密相关。大风的产生和发展,受森林的影响巨大,成群的林木是极好的防风屏障。森林覆盖密度越高,大风致灾作用越弱,反之,致灾作用越明显。故应考虑到植被覆盖密度在大风孕灾环境中的重要性。

3.5.2　孕灾环境敏感性综合评价

同样大风的致灾与下垫面的状况密切相关,综合大风孕灾环境各因子的影响,包括地形高程、河网密度、植被覆盖度等,大风灾害在地形较高,河网密布,植被覆盖度较低的地方发生的危险性较高。对孕灾环境各影响因素的分析,并结合各种影响因子对杭州局地孕灾环境的不同贡献程度,运用 AHP(层次分析法)设置相应的权重值,利用 ArcGIS 的空间叠加工具,将地形高程、河网密度、植被覆盖度等特征信息作为叠加图层(如表 3.6)计算孕灾环境敏感性。

表 3.6　孕灾环境敏感性因子权重

孕灾环境影响因子	地形高程	河网密度	植被覆盖度倒数
权重	0.3441	0.3314	0.3245

根据区划结果(图 3.21)分析,杭州市的孕灾环境敏感性风险呈流域性分布特征。余杭区、萧山区、市区、千岛湖沿岸、富春江边及其支流沿岸、以及青山水库等零星水库附近都是大风天气孕灾环境非常敏感的地区,而昱岭、天目山、千里岗山系及龙门山向阳坡、迎风坡均是环境较敏感的地区。

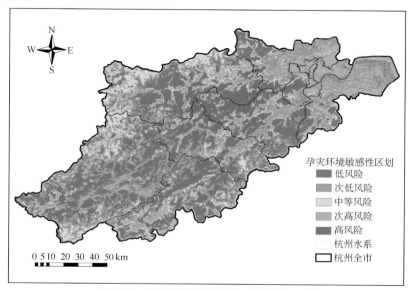

图 3.21　杭州大风灾害孕灾环境综合区划

3.6 大风灾害承灾体易损性分析

3.6.1 承灾体评价指标分析

人是灾害的最主要承灾体,大风及其次生灾害轻则刮倒广告牌等物品砸伤人群,重则推倒房屋、掀翻汽车等致人死亡。而人口因子是衡量人受灾可能性的重要要素,大风的危险性随人口的增加而增大。所以考虑到人口分布与各影响因子很好的相关性特征。

大风刮倒厂房,阻碍交通,破坏建筑,其对经济因素的影响是毋庸置疑的。而较常用的经济因子的统计方式就是国内生产总值,国内生产总值较高的地方遭受大风的可能损失也就越大。国内生产总值是反映一地区全部生产活动最终成果的重要指标,也是衡量该地区经济发展水平的标准。尤其在大风天气风险评价中,国内生产总值能够代表大风天气灾害对该地区造成经济损失的易损程度。而且在不同的产业类型在大风天气风险评价中同样对应不同的易损程度,因此需要给予分别考虑。例如,大风天气对第一产业类型包括农业、林业、渔业冲击作用最大,尤其是对粮食生产和其他经济作物的种植有着难以防御的灾损作用。加之,杭州东北部包括萧山、余杭等地是杭州农业重要生产区,也是大风天气主要影响区。然而,相对于农业受大风天气的严重程度而言,工业生产受大风天气的影响相对要大,主要由于工业生产一般有固定的厂房、仓库,一般强度大风天气就能对工业生产造成严重性灾害。因此在对大风天气承灾环境易损性评价研究时,需要将农业产值和工业产值给予分别考虑,并赋予不同的影响权重。

随着近代以来电力的普及,大风灾害刮倒破坏电线线路的危害屡见不鲜,大风时时威胁着杭州城的电力供应,是电力输送系统的重要隐患。由于电线架设线路等数据的缺乏,使用人均用电量数据作为替代反应杭州各县市的电力输送情况。在大风灾害风险评价过程中,居民用电量的易损特征较为明显,大风活动频繁,对电力输送影响严重。因此,本研究考虑通过人均用电量来反映杭州用电量分布特征和对电力输送潜在威胁程度,并以此作为大风灾害风险评价的易损对象之一。可见,大风对杭州电力输送潜在威胁程度较高的地区主要集中在杭州市区、余杭和萧山一带。

3.6.2 承灾体易损性分析

承灾体的易损性分析是在对承灾体分类的基础上进行易损等级的划分过程,目的是为区域制定资源开发与减灾规划,防灾抗灾工程建设提供依据。

通过以上对承灾体影响因素的分析,选取人口密度、地均 GDP、农业用地密度和人均用电量四项因子作为易损性评价指标,并结合各影响因子对杭州大风灾害风险承灾体的贡献程度,通过专家咨询,运用 AHP(层次分析法)设置相应的权重值,并采用线性加权综合法建立易损性评价模型(见表 3.7)。

表 3.7　承灾体易损因子权重 w_i

承灾体影响因子	人口密度	地均 GDP	农业用地度	人均用电量
权重	0.3544	0.3422	0.1312	0.1722

　　根据上述易损性评价模型对承灾环境易损度的计算,用自然断点分区法结合经验将杭州市潜在易损性划分为 5 个等级,即低危险区、较低危险区、中等危险区、较高危险区、高危险区,如图 3.22。具有人口密度大、工业集中二个因素共同影响的余杭区、萧山区、城区的主城区均属极易损地区;富阳、桐庐的城区和工业区属于中等易损地区;而千岛湖周边、山区丘陵地带等人口密度小,工业用地少的地区属于低易损地区。

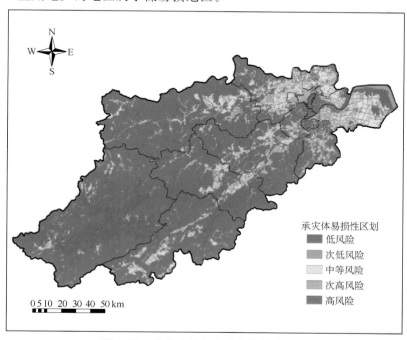

承灾体易损性区划
■ 低风险
■ 次低风险
□ 中等风险
■ 次高风险
■ 高风险

0 5 10　20　30 40　50 km

图 3.22　杭州大风灾害承灾体综合区划

3.7　抗灾减灾能力分析

3.7.1　大风灾害抗灾能力指标

　　就杭州市对大风天气的抗灾能力而言,本研究一方面选择了统计年鉴中能反映防灾救灾能力特征的指标作为评价因子,比如各县市农民人均收入、乡镇财政收入、医疗等。另一方面考虑到大风灾害对交通和建筑方面的危害,分别选择了统计年鉴中民用汽车拥有量和近 4 年建筑物施工面积两个因素。通过 GIS 技术将这些数据按行政边界空间化,并做栅格化处理,然后依据各影响因子的不同权重进行叠加分析,最后得到杭州市大风天气抗灾能力区划图。

　　民用汽车保有量体现了当地交通的繁忙状况,一般来说,交通越繁忙的地区遭受大风时产生灾情的可能性越大,各种救援的反应速度越慢,防灾能力越差。如图 3.23,杭州主城区汽车保有量最大,两年平均民用汽车保有量为 429 千辆;建德市最少,仅 13 千辆。

　　随着社会的发展,越新的建筑通常情况下防风能力越强,所以用近 4 年平均建筑物施工面积来体现杭州各市县新修建筑情况,进而体现各自的防风能力。杭州主城区施工最多,平均新建 2870 万 m²;建德市最少,仅 88 万 m²(图 3.24)。

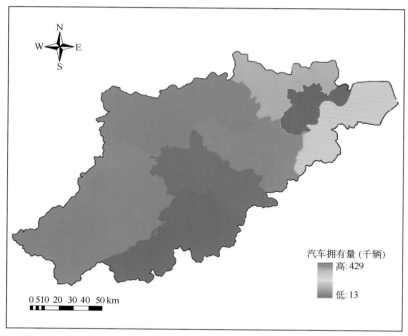

图 3.23   杭州市 2007—2008 年各县市平均汽车保有量分布

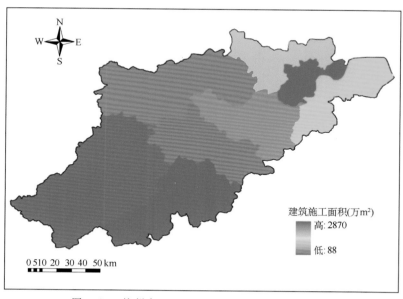

图 3.24   杭州市 2007—2010 年平均建筑施工面积

3.7.2   抗灾减灾能力区划

随着大风天气的破坏强度和灾损程度逐渐加大,以及人类对灾害预测和灾害抵御能力的进一步提高,区域抗灾减灾能力理应在大风天气风险评价中扮演举足轻重的地位。本文选择了统计年鉴中能反映防灾救灾能力特征的指标作为评价因子,如各县市农民人均收入、乡镇财政收入、保险参保人数、民用汽车保有量、建筑物施工面积医护水平以及基础设施财政投入。综合各种影响因子得到杭州市抗灾减灾能力综合图(图 3.25)。

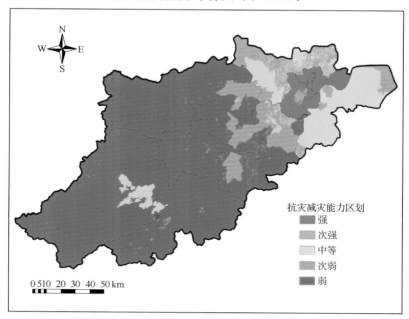

图 3.25　杭州大风灾害防灾减灾能力综合区划

西湖区大部、上城区、拱墅区以及滨江区是杭州市的中心地区,政府及各种医疗单位多位于此地,是抗灾能力强的地区;江干区、下城区、淳安县城区、余杭区和萧山区大部则属于抗灾能力中等和较强的地区。

3.8　大风灾害综合风险区划

致灾因子、孕灾环境、承灾体及防灾能力的相互作用共同对大风灾害风险的时空分布、易损程度造成影响,灾害形成就是承载体不能适应或调整环境变化的结果,总之,在大风灾害风险评价的过程中,这四者缺一不可(表 3.8)。因此本研究综合了影响杭州市大风灾害的致灾因子、孕灾环境、承载体及防灾能力,并运用已建立的 GIS 模糊综合评价模型将大风灾害风险划分为低风险、次低风险、中等风险、次高风险及高风险五个等级,实现对杭州市大风灾害风险的综合区划。

表 3.8　杭州市大风灾害综合风险区划评价指标权重

准则层	权重	评价层	权重
致灾因子	0.2417	平均极大风速	0.1310
		8 级以上大风日数	0.1107
孕灾环境	0.2884	高程	0.0992
		河网密度	0.0956
		植被覆盖率倒数	0.0936

（续表）

准则层	权重	评价层	权重
承灾体	0.2852	人口密度	0.1086
		地均GDP	0.0998
		农业用地密度	0.0425
		人均用电量	0.0343
防灾能力	0.1847	财政收入	0.0261
		民用汽车拥有量	0.0253
		建筑物施工面积	0.0262
		农民人均收入	0.0274
		医疗工伤参保人数	0.0233
		医护水平	0.0288
		基础设施投入	0.0275

从大风灾害综合风险区划图（图3.26）中反映,杭州市大风灾害风险等级与杭州各地大风灾害灾情分布状况是一致的,与杭州市台风风险大体上从东向西递减分布趋势明显不同,杭州市大风灾害风险呈出一定的流域性,其在西部地区也有很高的风险。杭州市区,余杭区,萧山区,临安北部山区为高风险区。杭州市区,余杭区和萧山区是杭州地区的经济政治中心,拥有大量水田和厂房,同时也处于较易受台风影响的地段,加上受风暴潮影响,大风灾害频繁多发,

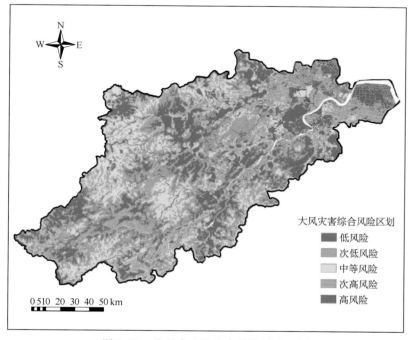

图3.26　杭州市大风灾害综合风险区划

对当地工农业破坏很大。临安北、西、南三面环山,绵延百里①,其腹地和东西部的低山丘陵和宽谷盆地相向排列,交错分布,海拔较高,在其北部高山地段常年风速极大,大风灾害严重威胁着当地人民的生命财产安全。

富春江流域,千岛湖流域为中等大风灾害风险区。富春江流域,千岛湖流域容易受江面风和河谷风影响,加上航运和旅游行业的特殊性,较易受大风影响,具有中等风险。

杭州南部和西南部地区大风灾害风险较低。这些地区大都海拔较低,风力不强,又不易受台风影响,加上林木茂盛,有一定的防风作用,故一般风险较低。但坡道大风对山地交通安全危害很大,林间行驶仍要注意。

所以,应该基于区域大风灾害风险分布,提出不同的防御对策,从而为杭州市大风灾害防灾减灾规划提供科学依据。

---

① 1 里＝500 m

第4章　杭州市高温灾害风险区划

4.1　资料来源

①杭州市7个基准气象站1966—2010年观测资料;②各个区域气象自动站2005—2010年观测资料。

4.2　高温天气的基本特征

4.2.1　高温日数年际变化特征

高温是指日最高气温≥35 ℃的天气。每年夏季的高温天数能够反映当年夏季的炎热程度。统计高温日数在各月的分布情况,结果表明杭州市的高温大多出现在7月、8月份(占85%以上),4、5、6、9、10月也有高温天气出现。

杭州市各站多年平均高温日数分别为:临安27 d,富阳27 d,杭州24 d,萧山23 d,桐庐33 d,淳安29 d,建德39 d。从高温日数年际变化来看(如图4.1),除淳安以外,其余6站高温日数随年际增加,增加率分别为:萧山7 d/(10 a)、富阳6 d/(10 a)、杭州5 d/(10 a)、临安4 d/(10 a)、桐庐3 d/(10 a)、建德1 d/(10 a)、淳安—1 d/(10 a)。可见,高温日数年际变率大,最多可达75 d(建德,1971年),最少仅为4天(杭州,1982年)。

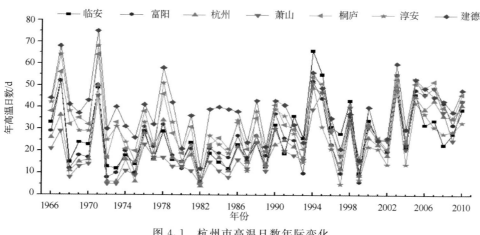

图4.1　杭州市高温日数年际变化

1967年建德高温日数多达68 d,高温最多持续高达58 d(如图4.2);淳安高温日数64 d,高温最多持续59 d;桐庐高温日数56 d,高温最多持续47 d;此外,临安以及富阳也都出现了50 d以上的高温天气。

1970年代高温日数较多的年份为1971年和1978年。1971年全市各站高温日数均在45 d以上,建德出现高达75 d的高温日数,为杭州史上之最,最多持续高温日数高达52 d,

1980 年代各基准站高温日数相对较少,除建德外,其余各站高温日数都在 40 d 以下。1990 年代高温日数开始逐渐增多,1994 年临安出现了 66 个高温日,建德、桐庐、富阳、淳安高温日数也分别为 56 d、54 d、52 d、51 d。

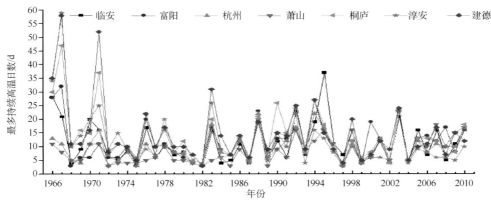

图 4.2　杭州市连续高温日数年际变化

本世纪以来,杭州全市各站出现 50 d 以上高温日数愈加频繁。2003 年除临安和淳安外,其余 5 站的高温日数均在 50 d 以上,其中建德 60 d,富阳、萧山 55 d,桐庐 53 d,杭州 50 d。2005 年萧山与建德高温日数均为 53 d,桐庐 52 d。2007 年桐庐高温日数 51 d。

4.2.2　年极端最高温变化特征

年极端最高气温指的是一年内逐日观测记录中出现的极端最高值。年极端最高温度可以直接反映出对应年份高温灾害所达到的程度。杭州市各地极端最高气温均较高,从年极端最高气温的年际变化图(图 4.3)中可以看出,各站的年极端最高气温呈现显著升高趋势。1970 年代各站的极端最高气温均在 36 ℃以上,10 a 平均年极端最高气温在 36.9～39.3 ℃;1980 年代各站 10 a 平均年极端最高气温在 37.1～38.8 ℃;1990 年代各站 10 a 平均年极端最高气温范围为 38.0～40.4 ℃;2000 年以后,年极端最高气温基本都在 38.0 ℃以上,出现持续高温也愈加频繁,10 a 平均年极端最高气温范围为 39.2～40.0 ℃。

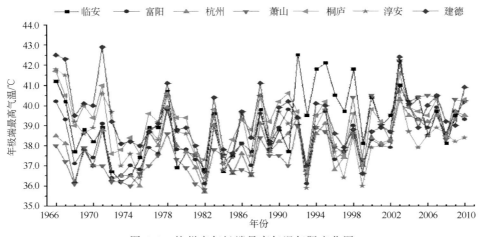

图 4.3　杭州市年极端最高气温年际变化图

1966 年和 1967 年为 1960 年代后期较热的年份,多站出现极端最高气温在 40 ℃以上的高温天气。1966 年建德年极端最高气温达到 42.4 ℃,淳安 41.8 ℃,桐庐 41.7 ℃,临安 41.2 ℃;1967 年建德年极端最高气温达到 42.3 ℃,淳安 41.5 ℃,桐庐 40.5 ℃,这两年是杭州市高温特别严重的年分。

1970 年代分别在 1971 年和 1978 年出现了两个极端最高气温的峰值。1971 年建德出现了高达 42.9 ℃的年极端高温,为杭州市史上之最,淳安年极端最高气温 40.6 ℃,桐庐 41.0 ℃;1978 年建德年极端最高气温 41.1℃,淳安 40.5 ℃,桐庐 40.6 ℃,临安 40.7 ℃,富阳、杭州以及萧山年极端最高气温分别为 39.9 ℃、39.8 ℃、38.6 ℃。

1980 年代高温有所缓解,仅有 1983 年和 1988 年出现过 40 ℃以上高温。1990 年代各站出现 38 ℃以上年极端最高气温概率明显要高于 1970、1980 年代,但临安 1990 年代年极端最高气温明显高于其他各站,1992 年临安出现 42.5 ℃年极端最高气温,1994 年为 41.8 ℃,1995 年为 42.1 ℃,1998 年为 41.8 ℃,均居各站之首,2000 年临安也达 40.4 ℃。1990 年代其余各站的年极端最高气温也均在 39.0~40.0 ℃之间。

21 世纪以来,2003 年杭州全市遭遇 50 年未遇的高温天气,全市各站年极端最高气温均在 40.0 ℃以上。其中,建德年极端最高气温 42.4 ℃,富阳、萧山均为 42.2 ℃,桐庐 41.6 ℃,临安 41.0 ℃,淳安 40.7 ℃,杭州 40.3 ℃。

4.3 城市热岛分布状况

夏季,城市热岛效应加剧了城区高温。由 2005—2010 年杭州市城区 36 个自动气象站点夏季平均气温图可见,上城区、下城区夏季气温比周边郊区要高,城市热岛明显。上城区近西湖区一带夏季平均气温较低。除杭州主城区之外,余杭区东部、萧山区中部城镇密集,平均气温较西北部和南部要高(图 4.4)。

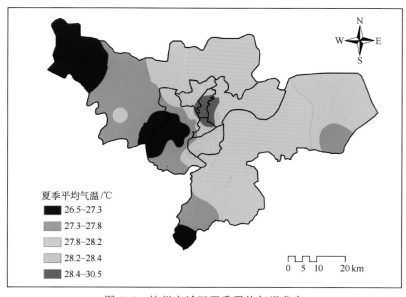

图 4.4 杭州市城区夏季平均气温分布

通常 14 时是一天之中最热的时刻。从 2005—2010 年杭州市城区 36 个自动气象站点夏季 14 时平均气温等值分布图(图 4.5)可看出,位于城区中心的上城区、下城区 14 时平均气温在 31.8～33.4 ℃之间,较附近区域要高出 2 ℃左右。西湖区、余杭西北部、萧山东北部和西南部 14 时平均气温较低,在 30.3～31.6 ℃之间。

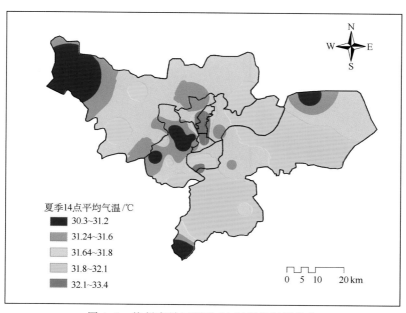

夏季14点平均气温 /℃

- 30.3～31.2
- 31.24～31.6
- 31.64～31.8
- 31.8～32.1
- 32.1～33.4

0　5　10　　20 km

图 4.5　杭州市城区夏季 14 时平均气温分布

4.4　高温灾害致灾因子危险性评价

高温灾害致灾因子主要有极端日最高气温和高温天数。从杭州市平均年极端日最高气温的空间分布图 (图 4.6)中可以看出,极端日最高温度的高值区一般分布在东北部平原,西南部的河谷和盆地,而中西部山地、丘陵,湖泊水系以及龙井山园地区一般为低值区。除了杭州市区以及位于东北平原的余杭及萧山区之外,沿富春江和分水江两岸分布的河谷区域,西南部的建德寿昌盆地极端日最高气温较高。杭州市中部和南部以丘陵山地为主,临安除了靠近余杭附近的城镇易出现极端高温灾害之外,其余山谷盆地也易出现高温天气。淳安县除了沿千岛湖分布的主要城镇之外,大部分地区的极端日最高气温较低。而西北部、西南部等高海拔山脉区域都为极端日最高气温较低区域。

杭州市日多年平均年高温日数空间分布(图 4.7)与极端日最高气温的分布趋势基本相一致,高值区一般分布在东北部平原,城镇,西南部的河谷和盆地,其中,建德市大洋镇三河站的平均年高温日数值最为突出的,达到 65 d。中西部山地丘陵地区为低值区,其中位于临安市北部海拔较高的山区是高温日数最少的区域,个别的山区的年均高温日数仅有 22 d。

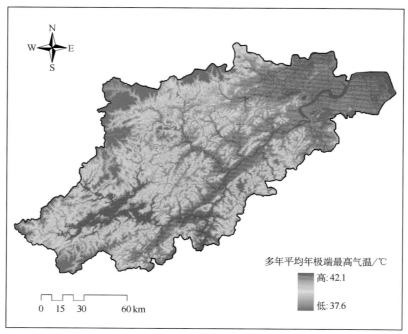

图 4.6　杭州市多年平均年极端日最高气温空间分布

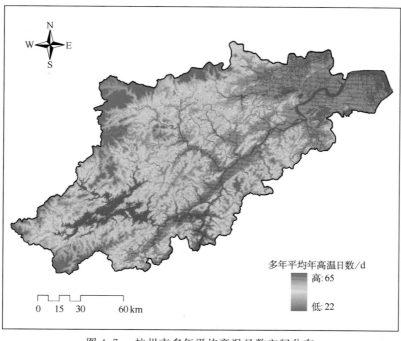

图 4.7　杭州市多年平均高温日数空间分布

　　从高温较集中的 6—8 月的高温空间分布图 4.8 可以明显看出,杭州市夏季多年平均日最高温度的空间分布与年极端高温和高温日数的空间分布趋势相一致。除杭州城区夏季温度较高之外,高值区域大多沿河谷和山谷区域分布。如富春江、分水江等沿江两岸城镇,位于山地丘陵地势较复杂的谷地、盆地乡镇夏季气温较高。而高温的低值区多分布在地势高的丘陵山地地区。

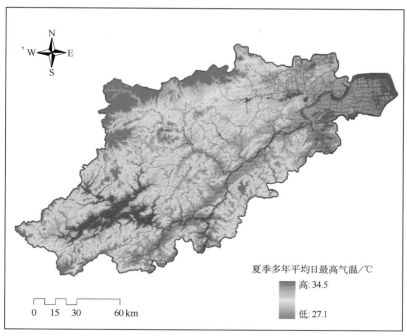

图 4.8　杭州市夏季多年平均日最高气温空间分布

作为高温灾害的两个致灾因子,极端最高气温和高温日数在空间分布上都呈现出一定的分布规律,也能够反映出高温灾害危险性情况。所以,在综合考虑极端最高气温与高温日数二者的共同影响后,叠加二者的空间分布来表征高温致灾因子风险,最后得到杭州市高温灾害危险性空间分布图(图 4.9),杭州市高温灾害危险性高风险区域主要集中在上城区、下城区和拱墅区这几个位于主城区中心的区域,江干区、滨江区、西湖区西南部、余杭区和萧山区大部均处于高风险区。另外,富春江沿江平原、分水江、新安江、寿昌江及兰江两岸的河谷平原也是高风险区域。北部天目山、西北部昱岭及白际山、西南部千里岗山及龙门山脉高海拔地区均属于低风险区域。

杭州主城区的城市热岛现象加剧了主城区的高温灾害。富春江沿江平原两侧丘陵高地与低洼平原构成一道狭长的"深渠"或"走廊",这里城镇密集,水汽较充沛,夏季容易出现湿热的高温天气。因此,中西部地区的高温区域大多沿富春江两侧分布。除富春江外,分水江、兰江等水系城镇、人口密集,夏季日最高气温和最低气温都相对较高,昼夜温差较小,易出现高温。此外,由于中西部地区丘陵山地比较多,地势较低的盆地、谷地也是高温区域,尤其是建德市的寿昌盆地以及两江平原。

临安北、西、南三面环山,其腹地和东西部的低山丘陵和宽谷盆地相向排列,交错分布,腹地和盆地常出现高温天气。其中,临安昌化镇是高温中心之一,2006 年自动站曾出现过44.7 ℃ 的极端高温。

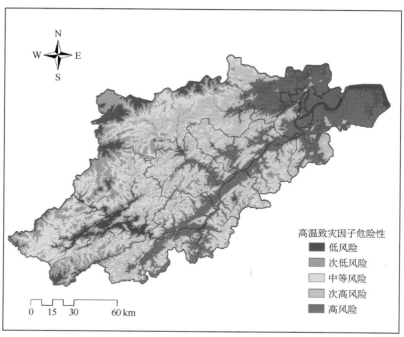

图 4.9　杭州市高温致灾因子危险性区划

4.5　高温灾害的重现期

根据杭州市 7 个国家基准气象站 1966—2009 年高温日数和极端温度资料,进行单独分析获取各自概率分布模型的方法求取杭州市高温日数以及极端温度重现期,如表 4.1、表 4.2。

表 4.1　各站年高温日数累积分布函数估计参数

台站	累积分布函数	函数估计参数
临安		$\alpha=3.3938$
		$\beta=23.097$
		$\gamma=0.50908$
淳安	$F(x)=\left[1+\left(\dfrac{\beta}{x-\gamma}\right)^{a}\right]^{-1}$	$\alpha=6.5101$
		$\beta=48.486$
		$\gamma=-21.848$
建德		$\alpha=4.5046$
		$\beta=35.421$
		$\gamma=0$

（续表）

台站	累积分布函数	函数估计参数
富阳	$F(x)=\Phi\left[\sqrt{\dfrac{\lambda}{x-\gamma}}\left(\dfrac{x-\gamma}{\mu}-1\right)\right]$ $+\Phi\left[-\sqrt{\dfrac{\lambda}{x-\gamma}}\left(\dfrac{x-\gamma}{\mu}+1\right)\right]\exp(2\lambda/\mu)$	$\lambda=227.29$ $\mu=36.574$ $\gamma=-10.165$
杭州		$\lambda=82.729$ $\mu=23.795$ $\gamma=0$
萧山		$\lambda=58.736$ $\mu=22.5$ $\gamma=0$
桐庐		$\lambda=201.03$ $\mu=32.432$ $\gamma=0$

表 4.2 各站年极端最高温度累积分布函数估计参数

台站	累积分布函数	函数估计参数
临安	$F(x)=\left[1+\left(\dfrac{\beta}{x-\gamma}\right)^{a}\right]^{-1}$	$\alpha=40.865$ $\beta=38.863$ $\gamma=0$
富阳		$\alpha=7.4796$ $\beta=5.6011$ $\gamma=32.582$
杭州		$\alpha=53.53$ $\beta=37.925$ $\gamma=0$
萧山	$F(x)=\Phi\left[\sqrt{\dfrac{\lambda}{x-\gamma}}\left(\dfrac{x-\gamma}{\mu}-1\right)\right]$ $+\Phi\left[-\sqrt{\dfrac{\lambda}{x-\gamma}}\left(\dfrac{x-\gamma}{\mu}+1\right)\right]\exp(2\lambda/\mu)$	$\lambda=11.783$ $\mu=3.1361$ $\gamma=34.825$
桐庐		$\lambda=36339.0$ $\mu=39.155$ $\gamma=0$
淳安	$F(x)=\exp\left[-\left(\dfrac{\beta}{x-\gamma}\right)^{a}\right]$	$\alpha=34.509$ $\beta=37.821$ $\gamma=0$
建德		$\alpha=32.751$ $\beta=38.569$ $\gamma=0$

依据选定的概率分布函数计算得出的各站高温日数和极端温度重现期间接反映了杭州市遭受不同等级高温灾害的潜在可能性。

从高温日数重现期来看,建德在各个概率下的高温日数明显高于其余各站,杭州、萧山较低。建德、桐庐约每10 a出现一次50 d以上的高温日数,建德在20 a一遇概率下日最高气温≥35 ℃高温日数达到68 d,淳安、临安、富阳、萧山均在20 a一遇概率之后开始出现50 d以上日最高气温≥35 ℃高温日数。在30 a一遇概率下,建德出现75 d日最高气温≥35 ℃高温日数,临安、桐庐日最高气温≥35 ℃高温日数均在60 d以上,杭州日最高气温≥35 ℃高温日数为53 d。50 a一遇概率下,建德日最高气温≥35 ℃高温日数达到84 d,临安70 d,除杭州外富阳、萧山、桐庐、淳安日最高气温≥35 ℃高温日数均在60 d以上。百年一遇概率下,建德日最高气温≥35 ℃高温日数达到93 d,临安82 d,杭州68 d,富阳、萧山、桐庐、淳安日最高气温≥35 ℃高温日数均在70 d以上(图4.10)

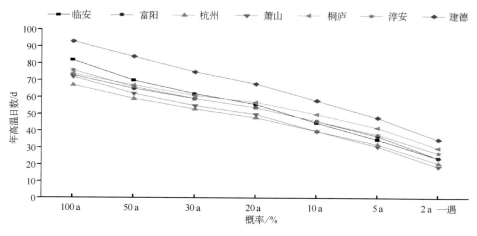

图4.10　杭州市高温日数重现期

从极端最高气温重现期来看,建德、临安出现年极端最高气温的概率较高,杭州市区较低。建德、临安、桐庐约5 a将会出现一次极端气温在40 ℃以上的高温天气,富阳、萧山、淳安约10 a将会出现一次极端最高气温在40 ℃以上的高温天气。20 a一遇概率下,建德年极端最高气温达到42.2 ℃,杭州40.1 ℃,临安、桐庐、淳安年极端最高气温均在41 ℃以上。50 a一遇概率下,建德年极端最高气温达到43.5 ℃,临安、富阳、萧山、淳安年极端最高气温均超过42 ℃。百年一遇概率下,建德年极端最高气温达到44.4 ℃,临安、萧山、淳安均超过43 ℃,富阳42.9 ℃,桐庐42.3 ℃,杭州41.3 ℃(图4.11)。

4.6　高温灾害孕灾环境敏感性分析

在高温灾害致灾因子作用下,由自然环境和社会环境所构孕灾环境,主要影响因素包括:地形高程、地形起伏度、河网密度、植被覆盖度等。

地形对高温灾害的影响主要表现在两个方面:地形高程以及地形起伏度。一般而言,地形影响着大尺度下水热因子分布,海拔高度与高温天气的关系也是密不可分的。海拔高度越高,

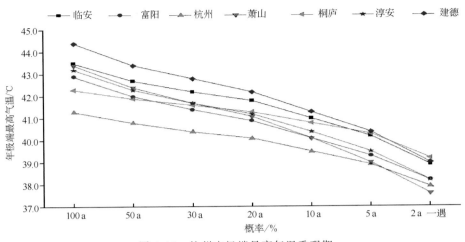

图 4.11　杭州市极端最高气温重现期

发生高温灾害的危险性越低,而海拔较低的平原和河谷地区则是易发生高温灾害的区域。

除海拔高度外,地形起伏度也与高温灾害危险程度密切相关。地形起伏程度越大,即局地地势有明显高差,在一定程度上也影响了高温的分布状况,如山谷、河谷盆地都是高温易发区域。地形变化程度通常用坡度来表征,而实际上影响高温灾害危险程度大小的是相邻范围地形起伏大小,故采用高程相对标准差来取代坡度。地形标准差越小,表明该处附近地形变化也越小,越容易形成高温灾害。

高温天气还与当地的地表覆盖类型、土壤土质以及森林覆盖程度紧密相关。高温天气作用在高密度森林覆盖区和裸露地表上,所产生的致灾效力是迥然不同的。森林覆盖密度越高,高温致灾作用越弱。考虑到植被覆盖密度在高温天气孕灾环境中的重要性,为了定量的表达这一孕灾环境因子,引用森林覆盖率的概念,即单位面积格网内的森林覆盖面积。

通过对孕灾环境各影响因素的分析,并结合各种影响因子对杭州局地孕灾环境的不同贡献程度,将地形高程、地形坡度、地形标准差、河网密度、植被覆盖度分布等特征信息作为叠加图层计算孕灾环境敏感度(见表 4.3)。

表 4.3　杭州市高温灾害的孕灾环境敏感性因子权重

孕灾环境影响因子	地形高程	地形起伏度	河网密度	植被覆盖度
权重	0.1167	0.0793	0.053	0.0314

分析杭州市高温灾害孕灾环境综合区划图(图 4.12)认为,海拔较低且地形起伏度小的平原地区由于城市化进程的快速发展,人口密集商业繁华,建筑物密集,植被覆盖度小,因此孕灾环境敏感性较偏远山区高地要高。钱塘江及其支流沿岸水田鱼塘密集的区域由于农业、渔业较发达,孕灾环境敏感性较城市区域要高。

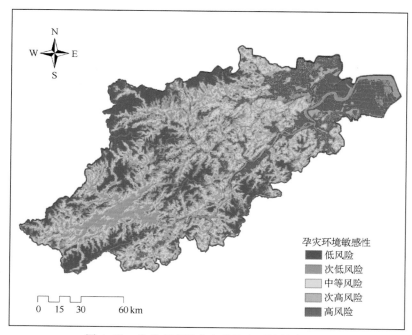

图 4.12　杭州市高温灾害的孕灾环境综合区划

4.7　高温灾害承灾体易损性分析

　　高温灾害对不同的人群的影响程度不同,妇女、儿童、老人是高温灾害过程中的主要易损对象,也是灾害防御中的重点人群。

　　由于高温天气持续时间较长,对人民生活生产影响较大,高温天气期间的工商业停滞、救灾物资投入以及其他灾害的延续等严重影响了社会经济发展,并给人民生命财产造成巨大的威胁。因此在高温天气风险易损性区划中,区域经济发展程度、社会财产的空间分布状况具有重要的指示作用。

　　根据杭州历次高温天气灾损类型与高温天气因子的关联度分析,选择能够基本反映区域灾损敏度的人口密度、耕地密度、地均 GDP 以及道路密度因子作为易损性评价因素,并结合各影响因子对杭州高温灾害风险承灾体的贡献程度,建立易损性评价模型(见表 4.4)。

表 4.4　杭州市高温灾害承灾体易损因子权重

承灾体影响因子	人口密度	工农业总产值	农业密度	道路密度	地均 GDP
权重	0.0875	0.0761	0.0583	0.0228	0.0356

　　如图 4.13。具有人口密度大、工业集中、道路密度大三个因素共同影响的余杭区大部、萧山区中北部、城区大部、临安东部、富阳市东北部以及桐庐县中部、富春江沿岸地区均属极易损地区;富阳中部、桐庐东部,这些地方属于中等易损地区;而千岛湖周边、山区丘陵地带等人口密度小,经济用地少的地区属于低易损地区。

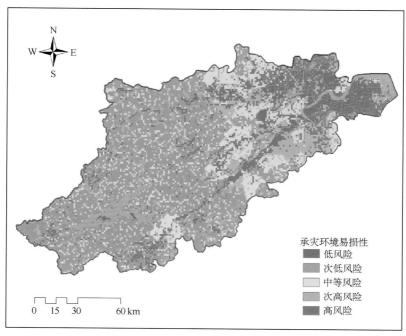

图 4.13　杭州市高温灾害承灾体综合区划

4.8　抗灾减灾能力分析

4.8.1　高温灾害抗灾能力指标

对于高温灾害,社会的抗灾减灾能力除了前一章中提及的措施外,还应考虑社会和居民防高温的措施,如空调使用、供电、供水、城市绿化等(表 4.5～表 4.7)。

表 4.5　全市居民家庭平均每百户空调器拥有量

年份	2005	2006	2007	2008	2009	2010
城镇居民(台)	183	188	191	196	204	215
农村居民(台)	12	70	83	91	100	111

表 4.6　城市供水、供电量统计

年份	2005	2006	2007	2008	2009	2010
电总量(亿 kW·h)	244	280	313	325	347	392
工业用电(亿 kW·h)	172	197	220	221	230	258
生活用电(亿 kW·h)	28	32	37	36	45	50
总售水量(万 t)	58332	57518	56906	58452	59291	45666

（续表）

年份	2005	2006	2007	2008	2009	2010
平均日供水(万 t)	201	177	183	187	190	147
供水能力(万 t/日)	253	256	274	299	320	320
供水总量(万 t/d)	73331	64734	66753	68178	69499	53565
生产用水(万 t)	27327	20258	19519	19354	16671	11479
生活用水(万 t)	80045	33979	33682	35902	37274	30978

表 4.7　市区园林绿化面积统计

年份	2005	2006	2007	2008	2009	2010
建城区绿化覆盖面积(hm²)	11734	12490	13284	14177	15686	16483
园林绿地面积(hm²)	10774	11309	12141	12971	14366	15118
公共绿地(hm²)	2564	2926	3486	4078	4676	5017
建城区绿化覆盖率(%)	37	384	38	38	40	40
公园景点个数(个)	184	106	138	150	165	176
公园景点面积(hm²)	997	852	1412	1430	1688	1906

4.8.2　抗灾减灾能力区划

　　就杭州市对高温天气的抗灾能力而言,选择了反映防灾救灾能力特征的指标作为评价因子,比如各县市财政收入、医护水平、每百户居民拥有空调数量、生活用水用电量、以及对各种基础设施的财政投入(表4.8)。

表 4.8　防灾救灾能力指标权重

防灾指标	财政收入	医护水平	每百户空调拥有量	生活用水用电量	基础设施投入
权重值	0.0314	0.0261	0.0197	0.0203	0.0298

　　随着高温天气的加剧和灾损程度逐渐加大,以及人类对灾害预测和灾害抵御能力的进一步提高,区域抗灾减灾能力在高温天气风险评价中扮演举足轻重的地位。以统计年鉴中能反映防灾救灾能力特征的指标作为评价因子,如各县市财政收入、医护水平、每百户居民拥有空调数量、生活用水用电量、以及对各种基础设施的财政投入。综合各种影响因子得到杭州市抗灾减灾能力综合图(图4.14)。

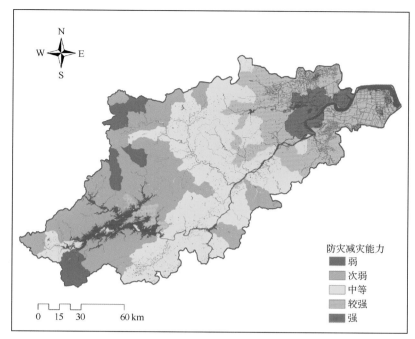

图 4.14　杭州市高温灾害防灾能力综合区划

西湖区大部、上城区、拱墅区以及滨江区是杭州市的中心地区,政府及各种医疗单位多位于此地,是抗灾能力强的地区;江干区、下城区、淳安县城区、余杭区和萧山区大部则属于抗灾能力中等和较强的地区。

4.9　高温灾害综合风险区划

致灾因子、孕灾环境、承灾体及防灾能力的相互作用共同对高温灾害风险的时空分布、易损程度造成影响,灾害形成就是承载体不能适应或调整环境变化的结果(表 4.9),总之,在高温灾害风险评价的过程中,这四者缺一不可。综合影响杭州市高温灾害的致灾因子、孕灾环境、承载体及防灾能力,并运用评价模型将高温灾害风险划分为低风险、次低风险、中等风险、次高风险及高风险五个等级,实现对杭州市高温灾害风险的综合区划(图 4.15)。

表 4.9　杭州市高温灾害综合风险区划评价指标

准则层	权重	评价层	权重
致灾因子	0.3120	极端高温	0.1560
		高温日数	0.1560
孕灾环境	0.2804	高程	0.1167
		地形起伏度	0.0793
		河网密度	0.0530
		植被覆盖率	0.0314

（续表）

准则层	权重	评价层	权重
承灾体	0.2803	人口密度	0.0875
		工农业总产值	0.0761
		农业密度	0.0583
		道路密度	0.0228
		地均GDP	0.0356
防灾能力	0.1273	财政收入	0.0314
		医护水平	0.0261
		每百户空调拥有量	0.0197
		生活用水、用电量	0.0203
		基础设施投入	0.0298

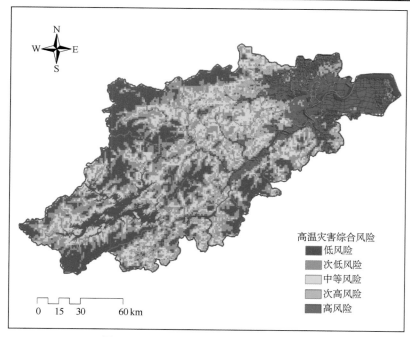

图4.15 杭州市高温灾害综合风险区划

杭州市的地势是以西南向东北逐步倾斜,三面环山,向东北开口。北部以平原为主,中部和南部以丘陵山地为主,新安江和富春江水库在淳安和建德县境内。因此,除了杭州主城区、余杭区和沿江部分城镇相对集中的地区以外,高温灾害的分布受山地影响较明显。

临安北、西、南三面环山,绵延百里,其腹地和东西部的低山丘陵和宽谷盆地相向排列,交错分布,其平原、腹地和盆地常出现高温天气。临安县自1990年代以来高温天气越来越明显,曾出现过三次高温灾害。

位于杭州市西部山区的富阳市、桐庐县和建德市均属热带季风气候。由于富春江等水系的影响,夏季水汽丰富,相对湿度大,最低气温较高,昼夜温差较小。高温区域大多分布沿富春江两岸的村镇分布区,此外,由于丘陵山地比较多,处于山谷间的村镇、高速路段及其附近村镇也是高温所在区域。富阳的高温灾害均出现在 1990 年代,高于 35 ℃和 38 ℃的高温日数较多,给当地造成一定程度的干旱。桐庐在 1990 年代和 2000 之后都出现过高温灾害,主要表现在高温日数较历年偏多,给当地供水供电带来一定压力。其中,1994 年的高温日数高达 54 d,38 ℃以上的酷热天数也达到 11 d。寿昌盆地、两江平原和白沙镇都是建德市的是高温区域。建德市的大洋镇由于人口相对集中,加上化工厂和加油站等因素,曾出现过 65 个高温日,极端最高温度也曾达到过 42 ℃。因此,在西部山区,认真做好蓄水抗旱工作是关键。根据现有蓄水情况和农田灌溉用水需要,根据先生活用水、再灌溉用水、最后发电用水的原则,认真制订用水计划,节约用水。而水电部门应增加调峰性能好的水电机组,调整电价和水电厂运行方式,以鼓励多用低谷电,减少峰谷差,并安排机组均衡发电向下游供水,以保证下游用水需要。

第5章　杭州市干旱灾害风险区划

　　干旱是由于长期持续无雨,致使农作物正常生长发育受到抑制,导致产量下降以致歉收,并对人民日常生活造成严重影响的气象灾害。干旱普遍存在于世界各地,频繁发生在于各个历史时期。干旱灾害不仅是自然问题,也是社会问题。在自然灾害造成的总损失中气象灾害引起的约占70%~75%,而旱灾又占气象灾害损失的50%左右。与其他自然灾害相比,旱灾发生范围广、历时长,对农业生产影响最大,它对于人民生活及其经济活动有着很大的影响。干旱作为最严重的自然灾害之一,容易造成水系干涸,农作物枯死,人民饮水困难以及冬季森林大火等危害。认识杭州干旱的时空分布特征和研究干旱灾害风险管理对策,为各级政府提供了防灾减灾的决策依据,对杭州市更好地防灾减灾,全力减少杭州干旱灾害损失有着十分重要的意义。

5.1　干旱灾害基本特征

5.1.1　干旱定义

　　在气象工作中,一般利用降水量距平百分率(Pa)的大小来作为干旱轻重的指标。计算各站某时段的降水量与常年同期降水量相比的百分率值,公式为:

$$pa = (p - \bar{p})/\bar{p} \times 100\% \tag{5.1}$$

其中 p 为某时段降水量,$\bar{p}$ 为多年平均同期降水量。

　　根据中国气象局颁布的《干旱监测和影响评价业务规定》和国家防汛抗旱总指挥部的《干旱评价标准》,结合杭州地区实际情况,将杭州干旱分为伏旱期(7—8月)、秋旱期(9—11月)和冬旱期(12—2月),划分旱情等级如表5.1所示:

表 5.1　降水距平百分比旱情等级划分表(%)

季　节	轻度干旱	中度干旱	严重干旱	特大干旱
伏旱期(7—8月)	$-20 > pa \geqslant -40$	$-40 > pa \geqslant -60$	$-60 > pa \geqslant -80$	$pa < -80$
秋旱期(9—11月)	$-30 > pa \geqslant -50$	$-50 > pa \geqslant -65$	$-65 > pa \geqslant -75$	$pa < -75$
冬旱期(12—2月)	$-25 > pa \geqslant -35$	$-35 > pa \geqslant -45$	$-45 > pa \geqslant -55$	$pa < -55$

5.1.2　伏旱期干旱指标多年变化

　　图 5.1 是杭州市 1951—2010 年各国家气象观测站伏旱期最长连续无雨日数的年际统计结果。可见,各站最长连续无雨日数并没有明显的趋势,年际变化来看,各站最长连续无雨日数比较一致,反映的最长连续无雨日数特征信息比较一致。其中淳安在 1966 年最长连续无雨

日数达到 32 d,萧山在 1967 年最长连续无雨日数达到 39 d。

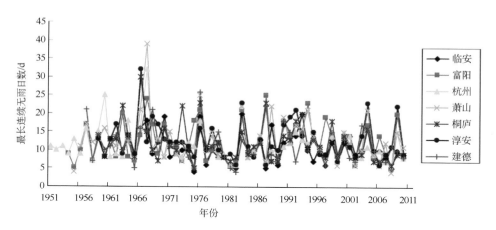

图 5.1　杭州市伏旱期最长连续无雨日数年分布

　　图 5.2 是杭州市 1951—2010 年各国家气象观测站伏旱期降水距平百分率的的年际统计结果。可见杭州全地区在 1964、1967、1971、1978、2003、2004 普遍发生伏旱,其中萧山站在 1967 年降水距平百分率达 −83.26%,淳安在 2004 年降水距平百分率达 −75.53%。

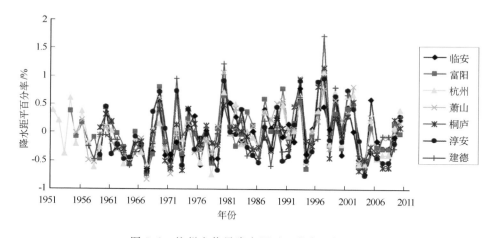

图 5.2　杭州市伏旱降水距平百分率的年分布

　　由降水距平百分率统计出伏旱次数与等级(如图 5.3)。可见杭州全地区萧山和淳安各发生过一次重旱。当时萧山 1967 年 7—8 月降水距平百分率达 −83.26%,连续无雨日长达39 d;淳安在 2004 年 7—8 月降水距平百分率达 −75.53%,连续无雨日长达 23 d。从干旱数量上来说,淳安、临安较多,富阳较少。

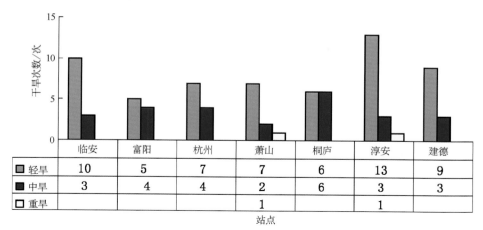

图 5.3　杭州市 1977—2010 年各级伏旱次数分布

5.1.3　秋旱期干旱指标多年变化

图 5.4 是杭州市 1951—2010 年各国气象观测站秋旱期最长连续无雨日数的年际统计结果。可见,各站最长连续无雨日数并没有明显的趋势,年际变化来看,各站最长连续无雨日数不太一致,反映的最长连续无雨日数特征信息不太一致。其中淳安和建德在 1979 年最长连续无雨日数均达到 38 d,杭州在 2004 年最长连续无雨日数达到 52 d。

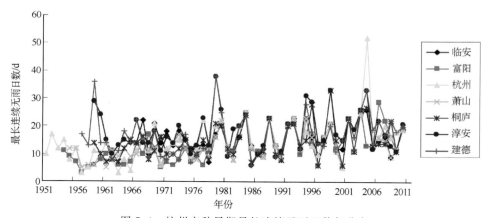

图 5.4　杭州市秋旱期最长连续无雨日数年分布

图 5.5 是杭州市 1951—2010 年各国家气象观测站秋旱期降水距平百分率的的年际统计结果。可见杭州全地区在 1955、1968、1988、1994、1996、1997、1999、2001 年普遍发生秋旱,其中杭州站在 2004 年降水距平百分率达 −83.06%,富阳在 1999 年降水距平百分率达 −66.00%。

由降水距平百分率统计出秋旱次数与等级(图 5.6)可见杭州全地区富阳、萧山和桐庐各发生过一次重旱,杭州发生过一次特旱。杭州 2004 年 9—11 月降水距平百分率达 −83.06%,连续无雨日长达 52 d;富阳在 1999 年 9—11 月降水距平百分率达 −66.00%,连续无雨日达 12 d。从干旱数量上来说,杭州、淳安较多,临安较少。

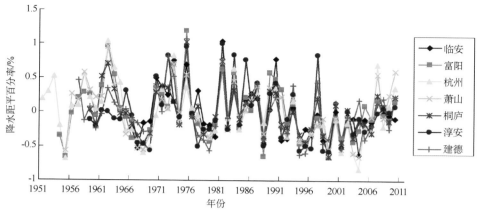

图 5.5　杭州市秋旱降水距平百分率的年分布

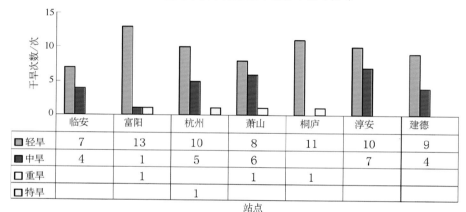

	临安	富阳	杭州	萧山	桐庐	淳安	建德
轻旱	7	13	10	8	11	10	9
中旱	4	1	5	6		7	4
重旱		1		1	1		
特旱			1				

站点

图 5.6　杭州市 1977—2010 年各级秋旱次数分布

5.1.4　冬旱期干旱指标多年变化

图 5.7 是杭州市 1951—2010 年各国家气象观测站冬旱期最长连续无雨日数的年际统计结果。可见,各站最长连续无雨日数并没有明显的趋势,年际变化来看,各站最长连续无雨日数不太一致,反映的最长连续无雨日数特征信息不太一致。其中杭州在 2004 年最长连续无雨日数达到 32 d。

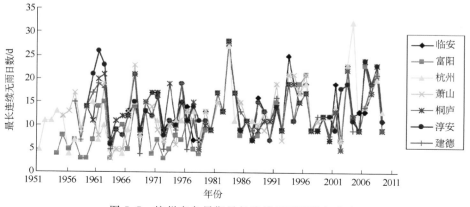

图 5.7　杭州市冬旱期最长连续无雨日数年分布

图 5.8 是杭州市 1951—2010 年各国家气象观测站冬旱期降水距平百分率的的年际统计结果。可见杭州全地区在 1962、1967、1978、1985、1986、1996、1998 年普遍发生冬旱,其中建德站在 1962 年降水距平百分率达－84.72％,淳安站在 1962 年降水距平百分率达－82.46％。

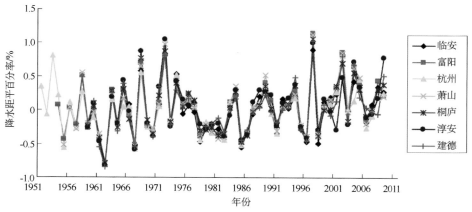

图 5.8　杭州市冬旱降水距平百分率的年分布

由降水距平百分率统计出冬旱次数与等级,可见杭州全地区萧山和杭州未发生过重旱(如图 5.9),从干旱数量上来说,杭州、临安、桐庐较多,淳安、建德较少。由于在 1962 年杭州地区降水距平百分率情况缺少临安站数据,故没有一起显示在图 5.8 中,但 1962 年其他几个站均达到特旱程度,如表 5.2 所示:

表 5.2　1962 年各站冬旱降水距平百分率

富阳	杭州	萧山	桐庐	建德	淳安
－78.3％	－79.93％	－79.81％	－78.98％	－84.72％	－82.46％

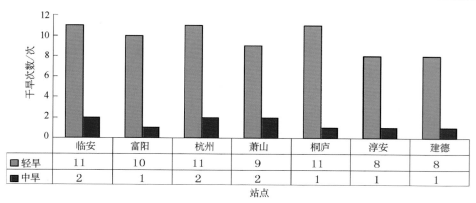

	临安	富阳	杭州	萧山	桐庐	淳安	建德
轻旱	11	10	11	9	11	8	8
中旱	2	1	2	2	1	1	1

站点

图 5.9　杭州市 1977—2010 年各级冬旱次数分布

把两旱和三旱相连称为连旱,连旱危害极大,杭州连旱情况如表 5.3。可知,出现连旱最多的是 1967 年,除建德外 6 站均出现了 3 连旱。临安、杭州和淳安出现连旱最多,在不连续的 19 a 中均出现了 7 次连旱,其中萧山、桐庐和富阳出现过 2 次 3 连旱。

表 5.3　连旱状况

年份	临安	富阳	杭州	萧山	桐庐	淳安	建德
1955			秋冬连旱	秋冬连旱			
1965				夏秋连旱			
1966							秋冬连旱
1967	三连旱	三连旱	三连旱	三连旱	三连旱	三连旱	
1968		夏秋连旱					
1969		三连旱	秋冬连旱				秋冬连旱
1978				三连旱	秋冬连旱		
1980							秋冬连旱
1988	秋冬连旱				夏秋连旱		秋冬连旱
1990							夏秋连旱
1991	秋冬连旱					夏秋连旱	
1994	夏秋连旱	夏秋连旱	夏秋连旱	夏秋连旱		夏秋连旱	
1995		秋冬连旱			秋冬连旱	夏秋连旱	
1996	秋冬连旱					秋冬连旱	
1998	秋冬连旱	秋冬连旱			三连旱	秋冬连旱	
2001						秋冬连旱	
2003		夏秋连旱	夏秋连旱	夏秋连旱	夏秋连旱		
2004	夏秋连旱		夏秋连旱	夏秋连旱			
2007							夏秋连旱

5.2　干旱灾害灾情分析

　　杭州位于浙江省西北部,地处长江三角洲南部和钱塘江流域,水系丰富,受干旱灾害影响一般。本章基于 1985—2009 年杭州干旱灾害资料的分析表明:杭州地区干旱灾害灾情主要表现在农作物损失及直接经济损失等方面。显然,干旱灾害灾情的预估,对于提高防灾减灾策略的针对性和效率具有重大意义。

5.2.1　干旱灾害灾情分布特点

　　根据 1984—2008 年的干旱灾害灾情记录,25 a 间杭州市各区县共有 79 起干旱灾害灾情记录,其中 16 a 有详细损失描述的灾情记录。直接经济损失较大(超过 1000 万元)的集中在1990、1994、2000、2003、2004、2005 年这六年中。各地灾情记录以临安 41 次为最多,若从经济损失角度与灾害次数的关系考虑,则根据灾情记录,建德市和临安发生的干旱灾害都造成了一定的直接经济损失,属于逢灾必损的地区。市辖区虽然有灾情记录,但是无直接经济损失记录,考虑到市区的防灾能力强于其他地区,这种对比情况也突出了防灾能力在人类面对自然灾害时的重要性(见图 5.10)。

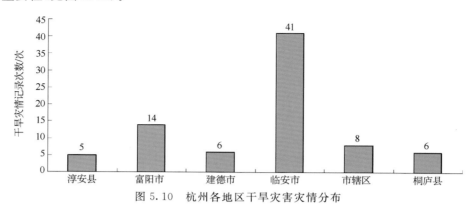

图 5.10　杭州各地区干旱灾害灾情分布

5.2.2　干旱灾害灾情分析

根据杭州各县市干旱灾害的灾情记录结果,干旱灾害对杭州的成灾形式包括直接经济损失、农作物受灾面积等类型。本文选取直接经济损失/万元、农作物受损数/公顷两个指标分析灾情程度。其中受损农田包括农作物受灾面积和农作物成灾面积数。

(1)直接经济损失

由于杭州市经济的快速发展,一方面经济体的增大加重了自然灾害的经济损失,另一方面防灾能力的提升也降低了灾害导致的经济损失占社会总体经济的比重。证明由于防灾能力的提升,灾害对人类社会的影响不断减小。

社会经济损失状况可以从直接经济损失与间接经济损失两方面分析。本研究主要从典型性的直接经济损失的角度分析,反映杭州历史上干旱灾害的导致的经济损失,并分析其分布特征。根据 1984—2008 年 25 a 的干旱灾害灾情记录,绘制这 25 a 间的直接经济损失图。表现出干旱灾害的发生比较频繁,在 2003 年达到最高,干旱灾害造成的经济损失为 64776.28 万元(图 5.11)。

根据灾情记录,可以看出干旱灾害的具体表现形式。如建德地区在 2003 年 6 月 30 日—8月 15 日,持续干旱 50 多天。导致全市 3 万人口饮水发生困难,7933 km^2 农作物受旱,绝收 4666 km^2,减产粮食 2.3 万 t,直接经济损失 3.2 亿元。

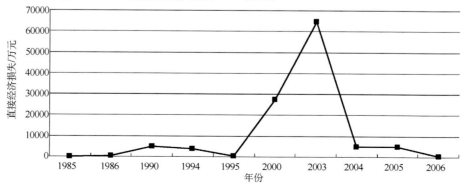

图 5.11　杭州市干旱灾害直接经济损失分布

（2）农作物受损面积

反映农业气象灾害灾情的指标一般有受灾面积、成灾面积、粮食灾损量等（按照我国民政部门的规定，因灾而使农作物减产为受灾，减产幅度在 3 成以上的为成灾，其中减产 3～5 成为轻灾，5～8 成为重灾，8 成以上为绝收），每种指标都从不同的角度反映了灾害程度及其对农业系统的影响程度。这里选取农业受灾面积、成灾面积及其相关统计指标，分析杭州市干旱灾害对农业影响的统计特征。

根据 1984—2008 年间的干旱灾害灾情记录，绘制干旱灾害中农作物的受损面积统计图，可以看出 1990 年为干旱灾害灾情最严重的一年，农作物受灾面积 30303.3 km²，成灾 9376 km²。

1990 年 7 月 4 日淳安县全县伏旱早而猛，持续时间长，干旱影响大。从 7 月 4 日至 9 月 8 日共 66 d 持续干旱，导致 10860 km² 粮食作物受灾，许多乡村饮水困难，对人民生活和生产带来了极大的困难的不利（见图 5.12）。

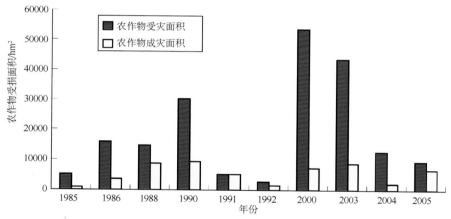

图 5.12 杭州市干旱灾害农作物受损面积分布

5.3 干旱灾害致灾因子危险性评价

使用降水距平相对变率作为干旱的致灾因子评价指标。通过对 2005—2010 年 50 余个气象站点降水数据的插补延伸，通过 ArcGIS 对杭州市伏旱、秋旱以及冬旱期的降水距平相对变率进行空间插值，得到杭州市伏旱、秋旱以及冬旱期的降水距平的空间分布（图 5.13～图 5.15）。

（1）伏旱期降水距平分布

杭州地区 7—8 月受热带高压控制，天气晴热，虽有雷雨，但因地面蒸发量大，常常出现伏旱（图 5.13）。从杭州全域来看，伏旱期累计降水相对变率分布在淳安西北部，建德中南部，临安中部以及余杭，萧山和城区较低；在临安、淳安、建德的山地地区较高。

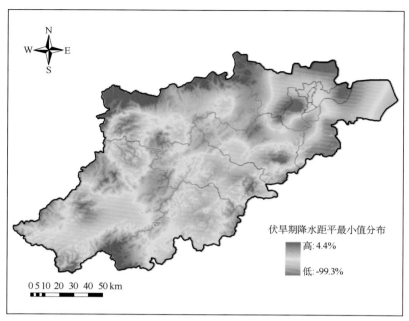

图 5.13　杭州市伏旱期累计降水相对变率空间分布

（2）秋旱期降水距平分布

对于图 5.14，从杭州全域来看，秋旱期累计降水相对变率在杭州市区，临安中南部地区，富阳西北部通过桐庐至建德中部地区，淳安西北部地区较低；北部山区，建德西南区，萧山东部较高。这是由于台风到来对部分地区干旱情况起到缓解作用造成的。

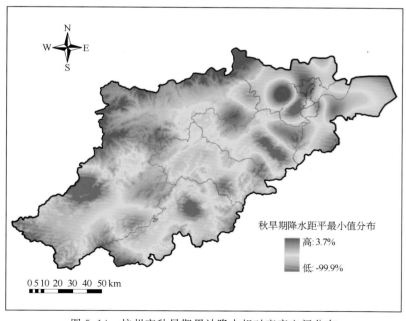

图 5.14　杭州市秋旱期累计降水相对变率空间分布

（3）冬旱期降水距平分布

杭州冬季较为干燥无雨,易引起冬旱(图 5.15)。冬旱期累计降水相对变率在淳安西北部,建德中南部和余杭东北地区较低;在临安、淳安、建德的山地地区较高。

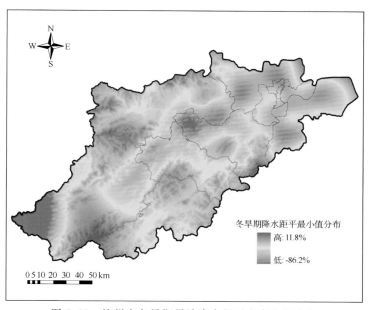

图 5.15　杭州市冬旱期累计降水相对变率空间分布

5.4　干旱灾害孕灾环境敏感性评价

孕灾环境是指产生灾害的自然环境和人类环境,是区域环境演变时空分异对自然灾害空间分异程度的贡献。本章主要研究在干旱致灾因子作用下,由自然环境和社会环境所构成的孕灾环境,以及孕灾环境在空间上的差异性和规律性。对于干旱来说,主要影响因素包括:地形高程、河网密度、植被覆盖度等。

5.4.1　孕灾环境评价指标分析

地形海拔高度与干旱的关系也是密不可分的。一般来说,地表径流受重力作用,容易向低洼地区汇集,并在汇集过程中水流有效位能会向动能转化,从而使水流加速流动。因此地势较低比地势较高的地区更容易蓄积水分,更不易发生干旱。

杭州全市海拔高度的自西向东区域差异性和过渡性十分明显。东部以平原区为主,这一地区由于海拔高度较低,河网密集、湖库星罗棋布,因此发生干旱灾害危险的概率较低。杭州中部丘陵、低山地区为平均海拔 500 m 以下的第二梯度区,该地区地形复杂、地势悬殊,多低洼地、低丘盆地,其致灾强度仅次于平原区。最后一级海拔高度梯度区为 1000 m 以上的高地、山峰,主要分布于杭州北部天目山脉、西南千里岗、及南部龙门山一带。此类高海拔山地干旱发生概率较低。

很明显,干旱的发生与水系的分布有极大关系。在干旱灾害孕灾环境分析中,河网水系的区域性分布特征是比较重要的影响因素。一般而言,距离河道愈近的地方,遭受干旱灾害侵袭的可能性愈小,即干旱危险性越小。当然,还要考虑河流级别的差异,干流较一级支流、一级支流较二级支流具有更强的影响力和影响范围。同时,河网密集程度更是不可或缺的重要因子。此外,人为活动对河湖引发干旱灾害的能力也影响较大。如围湖造田直接增加了干旱灾害发生的可能性,大量建造蓄水湖则可减轻干旱灾害发生的风险。因此以上影响因素在有条件的情况下应给予考虑。

从杭州河网水系分布图可知:杭州西部山区孕灾等级较高,这些区域河网密度较低,易产生干旱灾害。杭州东部地区孕灾等级较低,包括萧山区、杭州城区以及余杭市的大部分地区。

森林具有良好的水分涵养能力,在抵御干旱灾害中具有重意义,森林覆盖密度越高,干旱灾害越不易发生。

5.4.2 干旱灾害孕灾环境敏感性综合评价

考虑到冬旱敏感性孕灾环境敏感性因子与伏、秋旱不同,在植被覆盖度上有相反的表现,故本节和后面的综合部分都将分开讨论。

(1)伏、秋旱敏感性孕灾环境敏感性综合评价

通过以上对孕灾环境各影响因素的分析,并结合各种影响因子对杭州局地孕灾环境的不同贡献程度,运用AHP(层次分析法)设置相应的权重值,利用ArcGIS的空间叠加工具,将地形高程、河网密度、植被覆盖度等特征信息作为叠加图层(表5.4)计算伏、秋旱孕灾环境脆弱度。

表5.4 杭州市伏、秋旱敏感性孕灾环境敏感性因子权重

孕灾环境影响因子	地形高程	河网密度倒数	植被覆盖度倒数
权重	0.4601	0.4788	0.2511

根据区划结果(图5.16)分析,余杭区、萧山区、市区都是伏旱和秋旱孕灾环境非常脆弱的地区,而昱岭、天目山、千里岗山系及龙门山向阳坡、迎风坡均是环境较脆弱的地区。

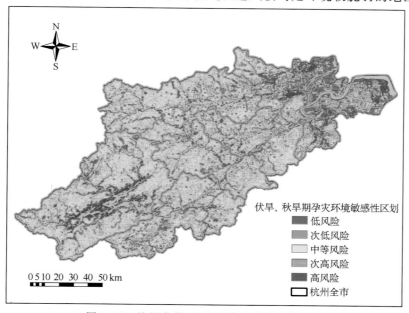

图 5.16 杭州市伏、秋旱期孕灾环境综合区划

（2）冬旱敏感性孕灾环境敏感性综合评价（见表 5.5）

表 5.5   冬旱敏感性孕灾环境敏感性因子权重

孕灾环境影响因子	地形高程	河网密度倒数	植被覆盖度
权重	0.3211	0.4484	0.2305

根据区划结果（图 5.17）分析，广大西部山区冬旱灾害孕灾环境较脆弱的地区，而东部水系丰富的平原地区是环境较安定的地区。

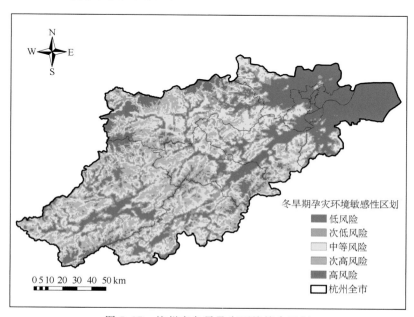

图 5.17   杭州市冬旱孕灾环境综合区划

5.5   干旱灾害承灾体易损性分析

杭州地处中国东南沿海，是长三角第二大经济城市，南翼经济、金融、物流、文化中心。浙江省政治、经济、文化中心，中国东南重要交通枢纽。杭州经济发达、人口众多。其国民生产总值也相对较高，经济较为发达，因此遭遇干旱灾害时的损失程度也较大。

根据杭州历次干旱灾害灾损类型与干旱灾害因子的关联度分析，选择能够基本反映区域灾损敏度的人口密度、耕地密度以及地均 GDP 作为易损性评价因素。一般人口密度大、地均 GDP 高以及耕地密度越大的地区，在遭受干旱时所受的损失越大。

（1）人口密度空间化

人口密度大，即代表在干旱时的潜在受灾人口多，通过比对杭州市乡镇人口分布与空间化后的人口分布，参考前面部分对乡镇人口密度进行空间化。

（2）农业产值和地均 GDP 空间化

干旱对经济影响极大，农业是国民经济的基础，是社会经济发展的重中之重，而耕地又是农业发展的重要物质生产资料，是反映农业生产密集程度的主要指标，农业是一种露天生产和高风险性的产业，一般很难抵御自然灾害的影响，因此农业是遭受自然灾害的损失较大的产业类型，干旱灾害所带来的减产，绝产效果是致命的，会带来巨大的经济损失；在工业方面，干旱通过各方面影响，增加了大量的工作成本，对于水利发电更是破坏极大。考虑到工农业生产在抵御干旱灾害的易损性差异，将反映社会经济总量的 GDP 从工业、农业产值方面分别考虑，并综合进行空间化。

（3）农业用地密集程度

由于干旱灾害的致灾因素多，灾害涉及面广，受灾情况比较复杂，因此每年的干旱灾害造成的灾害程度不尽相同。但是，就杭州市农业生产所对应的干旱灾害风险承灾环境而言，易损性较大的区域集中在旱田、茶园、苗圃、果园、农村居民点以及各种经济林木等土地利用类型。因此，本研究从土地利用数据中提取上述相关的土地类型，利用 ARCGIS 的 Fishnet 技术并将其进行格网化处理，并计算单位格网内的农业用地面积比重，获得反映农业用地密集程度的农业用地面积比，最后将其做栅格化处理，最终形成可进行 GIS 空间叠置分析的栅格图层。

（4）承灾体易损性区划（见表 5.6）

表 5.6 承灾体易损因子权重 w_i

承灾环境影响因子	人口密度	农业产值	农业用地量	地均 GDP
权重	0.3802	0.3422	0.1837	0.0939

根据上述易损性评价模型对承灾体易损度的计算，用自然断点分区法结合经验将杭州市潜在易损性划分为 5 个等级，即低危险区、较低危险区、中等危险区、较高危险区、高危险区，如图 5.18 所示。人口密度大、工业集中的余杭区大部、萧山区南部和城区大部均属极易损地区；富阳中部、临安东部、萧山东部，这些地方属于中等易损地区；而千岛湖周边、山区丘陵地带等人口密度小，经济用地少的地区属于低易损地区。

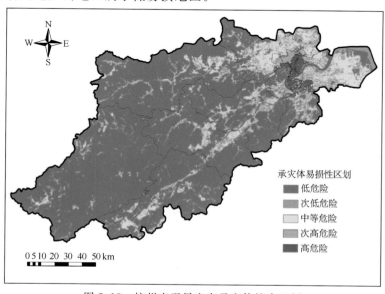

图 5.18 杭州市干旱灾害承灾体综合区划

5.6　抗灾减灾能力分析

5.6.1　干旱灾害抗灾能力指标

就杭州市对干旱灾害的抗灾能力而言,由统计年鉴中能反映防灾救灾能力特征的指标作为评价因子,比如各县市农民人均收入、乡镇财政收入、医疗及工伤保险参保人数、医护水平(医院病床位数、医疗救护人员数)、有效灌溉面积以及基础设施财政投入。通过 GIS 技术将这些数据按行政边界空间化,并做栅格化处理,然后依据各影响因子的不同权重进行叠加分析(表 5.7),最后得到杭州市干旱灾害抗灾能力区划图。

表 5.7　防灾救灾能力指标权重

防灾指标	财政收入	农民人均收入	医疗工伤参保人数	医护水平	基础设施投入	有效灌溉面积
权重值	0.1468	0.2045	0.1267	0.1985	0.1490	0.1746

随着防灾减灾社会化的发展需要,社会与商业保险在灾后恢复和重建过程中发挥着举足轻重的地位,灾区承保金额多少能够直接影响灾区的区域防灾救灾能力。其次,灾区的医疗卫生水平、医疗救护能力在干旱灾害营救过程中,始终具有至关重要的作用。尤其是对于影响范围较大的、灾损强度较高的干旱灾害,受灾人口较多,致伤、致死率较高,因此,灾区医疗水平和医护人员数量的意义就非同一般。本研究正是考虑以上各种因素将医院病床位数、医疗救护人员数作为区域防灾救灾能力的评价因子。

有效灌溉面积反映了农作物对干旱的基本防御能力,有效灌溉面积越大的地区,遭受干旱时农业上的损失越小,如图 5.19 所示。萧山区有效灌溉面积最多,有 53.18 千公顷;杭州主城区最少为 0。

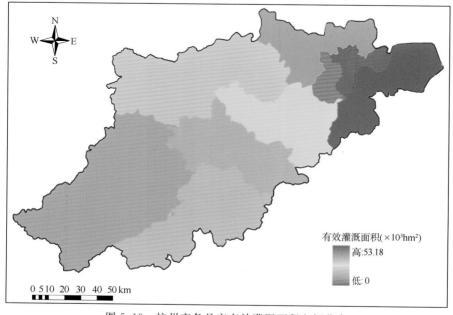

图 5.19　杭州市各县市有效灌溉面积空间分布

5.6.2 抗灾减灾能力区划

随着干旱灾害的破坏强度和灾损程度逐渐加大，以及人类对灾害预测和灾害抵御能力的进一步提高，区域抗灾减灾能力理应在干旱灾害风险评价中扮演举足轻重的地位。由统计年鉴中能反映防灾救灾能力特征的指标作为评价因子，如各县市农民人均收入、乡镇财政收入、保险参保人数、医护水平以及基础设施财政投入。综合各种影响因子得到杭州市抗灾减灾能力综合图（图 5.20）。

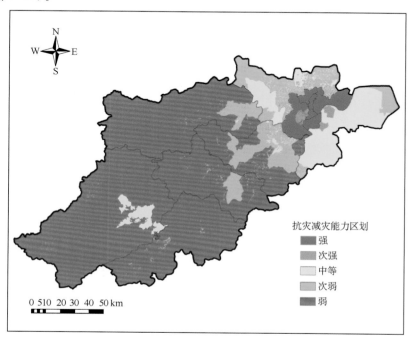

图 5.20 杭州市防灾减灾能力综合区划

西湖区大部、上城区、拱墅区以及滨江区是杭州市的中心地区，政府及各种医疗单位多位于此地，是抗灾能力强的地区；江干区、下城区、淳安县城区、余杭区和萧山区大部则属于抗灾能力中等和较强的地区。

5.7 干旱灾害综合风险区划

5.7.1 杭州市伏、秋旱灾害综合风险区划

致灾因子、孕灾环境、承灾体及防灾能力的相互作用共同对干旱灾害风险的时空分布、易损程度造成影响，灾害形成就是承载体不能适应或调整环境变化的结果，总之，在干旱灾害风险评价的过程中，这四者缺一不可。因此本研究综合了影响杭州市干旱灾害的致灾因子、孕灾环境、承载体及防灾能力，并运用已建立的 GIS 模糊综合评价模型将干旱灾害风险划分为低风险、次低风险、中等风险、次高风险及高风险五个等级，实现对杭州市干旱灾害风险的综合区划（表 5.8）。

表 5.8　杭州市伏、秋旱灾害综合风险区划评价指标权重

准则层	权重	评价层	权重
致灾因子	0.2472	旱灾危险性指数	0.2472
孕灾环境	0.2334	高程倒数	0.1167
		河网密度倒数	0.0581
		植被覆盖率倒数	0.0586
承灾体	0.3355	人口密度	0.1585
		农业产值	0.0977
		地均 GDP	0.0524
		农业用地比重	0.0268
防灾能力	0.1839	财政收入	0.0270
		有效灌溉面积	0.0321
		农民人均收入	0.0376
		医疗工伤参保人数	0.0233
		医护水平	0.0365
		基础设施投入	0.0274

可见,伏旱和秋旱的风险分布特征较为一致,在淳安西北部,建德中南部,桐庐中部,临安中部以及余杭,主城区均较高;在临安中部地区、富阳西部、建德东部和淳安东部地区中等;在临安北部山区、千岛湖流域和建德南部山区较低。两者的主要不同之处在于淳安、建德和富阳地区在秋旱期的干旱风险高风险区要比其在伏旱期的要多一些,萧山和桐庐地区则相反(图 5.21 和图 5.22)。

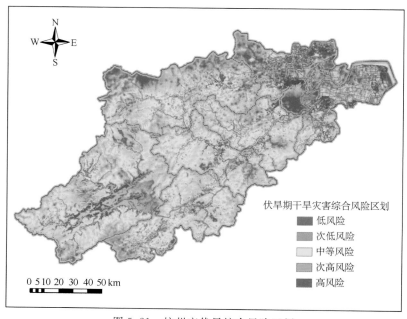

图 5.21　杭州市伏旱综合风险区划

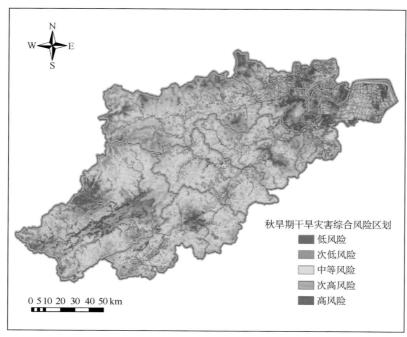

秋旱期干旱灾害综合风险区划

低风险
次低风险
中等风险
次高风险
高风险

0 5 10 20 30 40 50 km

图 5.22　杭州市秋旱综合风险区划

5.7.2　杭州市冬旱灾害综合风险区划

根据以上方法计算出杭州地区冬旱期灾害综合风险区划评价指标权重（表 5.9），并由此分别绘制杭州地区冬旱期的干旱灾害综合风险（图 5.23）。

表 5.9　杭州市冬旱灾害综合风险区划评价指标权重

准则层	权重	评价层	权重
致灾因子	0.2472	旱灾危险性指数	0.2472
孕灾环境	0.2334	高程倒数	0.1167
		河网密度倒数	0.0581
		植被覆盖率	0.0586
承灾体	0.3558	人口密度	0.1834
		农业产值	0.0864
		地均 GDP	0.0580
		农业用地比重	0.0280
防灾能力	0.1636	财政收入	0.0251
		有效灌溉面积	0.0321
		农民人均收入	0.0333
		医疗工伤参保人数	0.0221
		医护水平	0.0283
		基础设施投入	0.0227

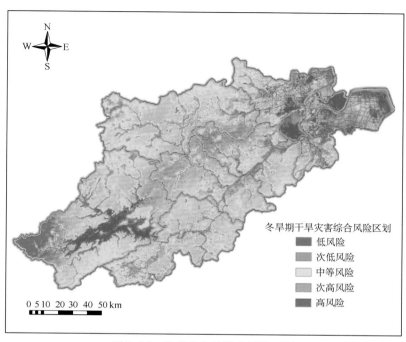

图 5.23　杭州市冬旱综合风险区划

　　杭州市冬旱风险在淳安西北部,临安南部以及富阳和桐庐北部较高;淳安东部,临安中部,富阳南部、桐庐南部和建德东部风险中等;在余杭,萧山地区、临安北部山区、千岛湖流域和建德南部山区较低。

　　综合伏旱、秋旱和冬旱状况分析,杭州主城区作为杭州市的经济政治中心,伏旱也较常发生,对居民的饮水、用水有一定的影响。余杭区位于杭州东北部杭嘉湖平原和京杭大运河的南端,地势平坦,河网密布,伏旱和秋旱现象时有发生,对当地工农业发展有一定制约。临安北、西、南三面环山,其腹地和东西部的低山丘陵和宽谷盆地相向排列,交错分布,受台风暴雨影响较少,其中部平原、腹地和盆地常出现高温气候,干旱风险较大。萧山区东部紧靠钱塘江,有一定的伏旱风险。杭州的西部山区部分,富阳、桐庐伏旱和秋旱的发生也较多。建德市地区水系相对较少,降水不是十分丰富,高温持续时间长,干旱风险较高。淳安西北部地区受热带季风气候影响,干旱发生比较严重,危险度高,进行防旱工作尤其在平时要注意做好蓄水抗旱工作,在冬旱期注意防范森林大火,加强森林火灾教育,增加森林火灾消防演习。

5.8　高温干旱灾害综合风险区划

　　在夏季,高温与干旱时常一并发生,综合考虑高温与干旱灾害是十分必要的。本章通过综合分析高温与伏旱的各种关联因素,选择适当的影响因子,从致灾因子、孕灾环境、承载体和防灾救灾能力四方面对杭州市进行高温干旱灾害风险区划(表 5.10)。风险评价指标包括降水量、高程、地形起伏度、河网密度、地质灾害危险度、农业产值、农业用地比重、财政收入、农民人均收入,以及农林水利财政投入(图 5.24)。

表 5.10 杭州市高温干旱灾害综合风险区划评价指标权重

准则层	权重	评价层	权重
致灾因子	0.2663	伏旱危险性指数	0.1251
		高温危险性指数	0.1412
孕灾环境	0.1914	高程倒数	0.1053
		河网密度倒数	0.0475
		植被覆盖率倒数	0.0486
承灾体	0.3505	人口密度	0.1685
		农业产值	0.0946
		地均 GDP	0.0488
		农业用地比重	0.0376
防灾能力	0.2018	财政收入	0.0377
		有效灌溉面积	0.0301
		农民人均收入	0.0391
		医疗工伤参保人数	0.0324
		医护水平	0.0361
		基础设施投入	0.0254

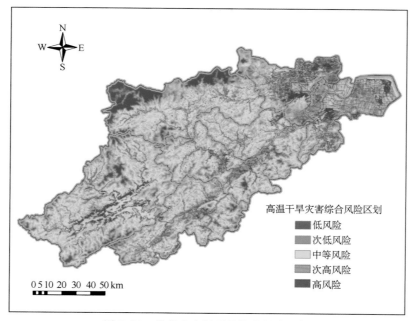

图 5.24 杭州市高温干旱综合风险区划

　　余杭东部、萧山中部和杭州主城区附近高温干旱也时常发生。临安北、西、南三面环山,高温干旱风险较大。其中,地处中亚热带季风气候的昌化镇是高温中心之一,2006 年曾出现过 44.7 ℃的极端高温。昌化镇夏冬两季较长,由于地形起伏,其气候在垂直方向上差异较为悬殊,初夏易出现高温湿热的天气,而盛夏受副热带高压控制,以高温晴热的天气多。

　　杭州西部山区部分,富阳、桐庐本身夏季水汽丰富,相对湿度大,夏季日最高温度和最低温度都相对较高,昼夜温差较小,因此给人以闷热的感觉。但由于丘陵山地比较多,处于山谷间的村镇、高速路段及其附近村镇温度经常偏高,高温干旱发生也较多。建德市地区水系相对较少,高温持续时间长,干旱风险较高。淳安西北部地区干旱发生比较严重,危险度高。在西部山区,认真做好蓄水抗旱工作是关键。根据现有蓄水情况和农田灌溉用水需要,根据先生活用水、再灌溉用水、最后发电用水的原则,认真制订用水计划,节约用水。

第 6 章　杭州市低温、积雪灾害风险区划

　　冬、夏季风交替的不稳定性使得杭州市时常遭致不同程度低温、积雪灾害侵袭。"立春"过后,冬季风有所减弱,气温缓慢回升,但由于在强冷空气或寒潮侵袭时常产生大风和强降温天气,在这个时期有时也会出现严重的低温冻害和积雪灾害。冬季寒潮带来严重的冰冻之害,不但使交通、邮电受阻,农作物受冻,而且给牲畜造成伤亡。

　　积雪灾害则是由降雪造成大范围积雪成灾的自然现象,严重影响甚至破坏交通、通信、输电线路,对人们的生命安全和生活造成威胁,引起牲畜死亡、作物受害,导致畜牧业、农业减产。2008 年 1 月 13 日起,杭州市处于罕见的我国南方大范围雨雪带内,出现了持续低温、雨雪、寡照天气,蔬菜因大雪受灾 29.796 万亩,直接经济损失 2.639 亿元。虽然长期观测研究结果表明,雪灾并非杭州市最显著的气象灾害,但杭州大雪出现存在准 10 年的周期,周期性较强,每个周期内都会出现破坏较严重的积雪灾害,给人民生产生活造成严重影响。

　　从杭州市实际资料出发,通过对气象资料、灾情资料、社会资料、自然环境资料的分析研究,构建杭州市低温积雪灾害的风险评价模型、进行低温积雪灾害的风险区划、并研究低温积雪灾害风险管理对策,为各级政府提供防灾减灾的决策依据。这对杭州市做好防灾减灾,全力减少杭州的低温、积雪灾害损失,促进经济社会的安全、稳定持续的发展,具有重要意义。

6.1　资料来源

　　研究使用资料包括国家气象观测站资料和 MODIS(Moderate-resolution Imaging Spectroradiometer)积雪产品数据(MOD10_L2)。

6.2　低温积雪天气基本特征

6.2.1　低温天气基本特征

　　(1)日平均气温年均值变化

　　如图 6.1,日平均气温年均值变化,作为极端低温年际变化的参考,表示各气象站日平均气温年均值年际变化规律。由图可知各台站的年均气温呈上升趋势,与全球变暖趋势一致。

　　此外,2000 年之前淳安站年均气温一直处于七个国家气象观测站当中最高水平,临安站年均气温除 1974 年均处于七站最低水平。杭州站年均气温 1980 年代之后上升显著,萧山站年均气温迅速增加则始于 1990 年代末,建德站年均气温 2000 年之后上升速度开始呈现减缓态势。

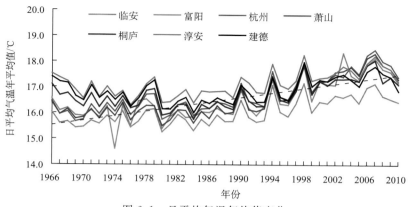

图 6.1　日平均气温年均值变化

（2）平均日最低气温年均值变化

日最低气温年平均值指的是一年内逐日最低气温的平均值。平均日最低气温年际变化可以反映出对应年份的低温状况，该区平均日最低气温年均值变化如图 6.2。

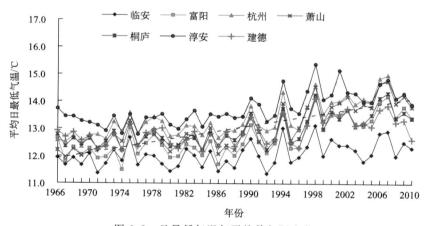

图 6.2　日最低气温年平均值年际变化

与年均气温上升趋势类似，杭州市各台站年均日最低气温也呈增加态势。其中淳安年最低气温相对其余六个站较高，建德其次，临安最低。杭州和萧山的气温变化趋势同样于1990 年代后快速上升。

（3）低温日数年际变化

日最低气温小于或等于 -3.0 ℃的日子定义为低温日。低温日数可在一定程度上反映区域的寒冷程度，-3.0 ℃以下的低温日数越多，则该区域越容易受到低温灾害。该区低温日数年际变化如图 6.3。

该区低温日数以临安最多，富阳次之，淳安最少，杭州和萧山相对较少。且低温日数随着年代的增加有明显的减少趋势。1980 年代之后，大部分站点都出现 10 d 以下的低温日数。建德站多次出现 5 d 以下的低温日数，淳安站所测得的低温日数甚至多年为 0。

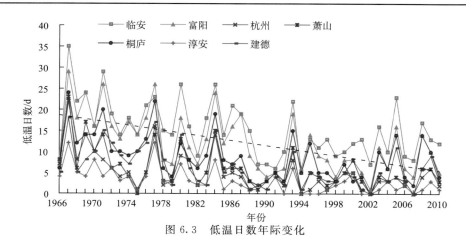

图 6.3　低温日数年际变化

（4）低温日数月际变化

杭州市低温日数的月际分布特征如图 6.4。

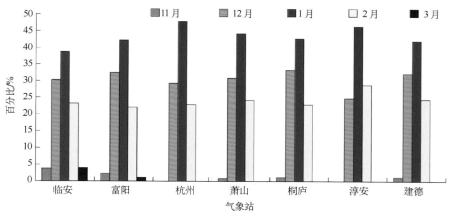

图 6.4　11—3 月低温日数百分比

杭州市低温大多集中在 12 月、1 月和 2 月份。1 月份的低温日数明显多于其余月份。其中杭州站 1 月份低温日数比重最大，12 月份出现的低温日数多于 2 月，而 11 月和 3 月均无低温天气出现。淳安站低温日数月际分布与杭州站相仿，不同的是淳安 2 月份出现的低温日数要多于 12 月份。除淳安之外，其余气象站低温日数均为 12 月份多于 2 月份。临安与富阳在 11 月出现低温日数相对较多，其他五个站只有 1 至 2 d 或是没有。同时，临安和富阳在 3 月份还出现过低于−3.0℃低温天气。

（5）日最低气温≤0℃日数年际变化

杭州市各气象站日最低气温低于 0 ℃的日数逐年变化的分布规律基本与图 6.3 低温日数年际变化相似，如图 6.5。

通过添加趋势线可以看出，由于全球变暖，各台站日最低气温在 0 ℃以下的天数均有减少之势。从图中可以看出，临安与富阳的日最低气温在 0 ℃以下日数最多，桐庐次之。淳安日最低气温在 0 ℃以下日数最少，杭州与萧山略多于淳安。1990 年代日最低气温在 0 ℃以下日数总体上要少于 1970、1980 年代，进入 2001 年之后，日数较 90 年代略有增多。

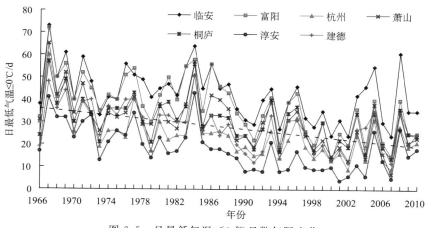

图 6.5　日最低气温≤0 ℃日数年际变化

（6）年极端最低气温年际变化

杭州市年极端最低气温年际变化特征如图 6.6～图 6.10。

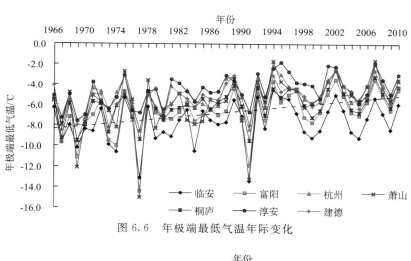

图 6.6　年极端最低气温年际变化

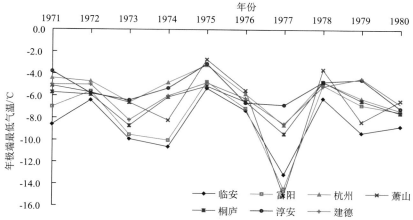

图 6.7　1970 代年极端最低气温年际变化

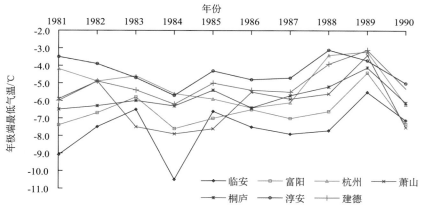

图 6.8　1980 年代极端最低气温年际变化

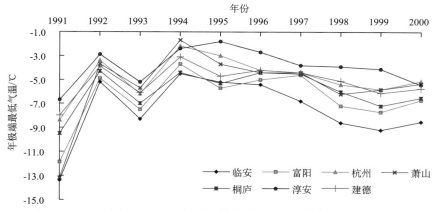

图 6.9　1990 年代极端最低气温年际变化

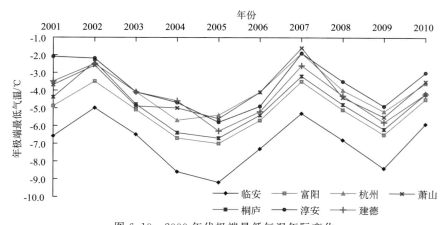

图 6.10　2000 年代极端最低气温年际变化

在年极端最低气温的年际变化中,淳安的年极端最低气温相对较高,临安较低。据统计资料显示,杭州市南部新安江水库区是全市冬季最暖和区域,而西北部临安昌化是全市冬季气温最低的地区。但极端最低气温却常出现在南下冷空气能够长驱直入的东北部平原。其中,萧山在 1977 年曾出现−15.0 ℃的低温记录,比西北部低丘谷地还低近 2.0 ℃。由于存在城市热岛现象,杭州市区的年极端最低气温相对较高,不易出现低温灾害。

6.2.2　积雪天气基本特征

（1）积雪日数年际变化

杭州市 1966—2010 年各国家气象观测站积雪日资料的统计结果如图 6.11。杭州市年均积雪日数 5 d,最多的是 1977 年杭州站共 32 d,1971、1975、2001、2002、2007 年各国家气象观测站均没有积雪天气记录。从年际变化来看,各国家气象观测站积雪日数曲线基本叠合,反映的积雪天气特征信息比较一致,即年积雪日数随时间推移总体呈现减小态势,并有显著的周期性年积雪日数峰值出现,年积雪日数大于 5 d 的峰值在 2000 年前出现 9 次,2000 年之后,则出现 2 次峰值,分别是 2005 年（最大积雪日数记录为富阳站 9 d）和 2008 年（最大积雪日数记录为临安站 15 d）。

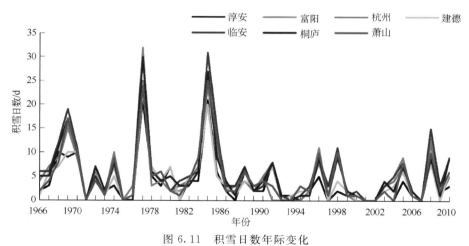

图 6.11　积雪日数年际变化

45 年的积雪日数统计表明,杭州市各国家气象观测站年积雪日数总体差异不大（横向比较）,但从时间序列角度比较单站的年际变化（纵向比较）还有新的发现:杭州站、萧山站 1990 年前年积雪日数还是处在七个国家气象观测站前列,尤其是 1977 年杭州站积雪日数达到研究时间段内的最高值,1990 年后开始杭州站、萧山站年积雪日逐渐开始减少,特别是萧山站前后变化较为明显,每年最大的积雪日数则转至临安站和富阳站;淳安站、建德站则始终处于较少积雪日行列,年际衰减也是比较明显的;此外,从整个研究的时间序列来看,富阳站年积雪日数的年际总体衰减幅度最小,多年的积雪日数基本稳定在一个水平上。

（2）最长连续积雪日数年际变化

连续积雪日数反映了降雪致灾的一种可能性,当其达到 7 天时就有致灾可能。根据 1966—2010 年杭州市各国家气象观测站积雪日数据得到杭州市年最长连续积雪日数年际变化特征,如图 6.12。统计结果表明,45 a 间杭州市年均最长连续积雪日数 3.1 d,最多的是

1984 年 1 月 17 日至 2 月 13 日临安站 28 d 连续积雪,其次是 1977 年 1 月 2 日至 1 月 20 日杭州站 19 d 连续积雪,2008 年 1 月 27 日至 2 月 9 日临安站也有长达 14 d 的连续积雪天气,而1971、1975、2001、2002、2007 年各国家气象观测站均没有积雪天气记录。从年际变化来看,国家气象观测站连续积雪日数曲线基本叠合,反映的连续积雪天气特征信息比较一致,即年最长连续积雪日数随时间推移总体呈现略微减小态势,基本维持在 3～4 d 水平,同时伴有准周期性年最长连续积雪日峰值出现,年连续积雪日数大于 7 d 的峰值在 2000 年前出现 5 次,2000年之后则出现 1 次峰值,为 2008 年(最大连续积雪日数记录为 2008 年 1 月 27 日至 2 月 9 日临安站 14 d 连续积雪)。

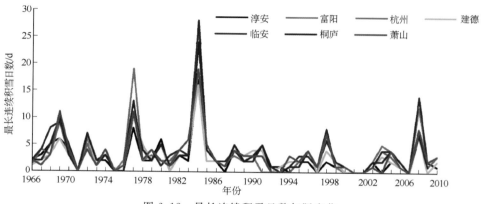

图 6.12　最长连续积雪日数年际变化

　　杭州市各国家气象观测站年最长连续积雪日数随时间推移,除几次较为突出的峰值,45 a内基本维持在一个相对稳定水平,均在 3～4 d 左右极小幅振荡且在连续 5 个积雪日以下。七个国家气象站中沿时间序列衰减最为明显的则是位于千岛湖畔的淳安站,与当地特殊地形、大面积水域有关。

　　(3)积雪日数月际变化

　　杭州市积雪日数月际分布特征如图 6.13。

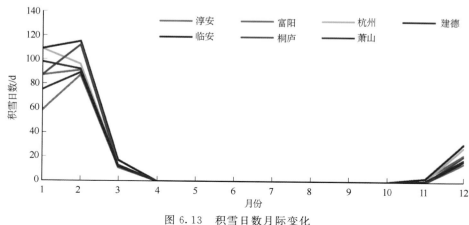

图 6.13　积雪日数月际变化

　　由图中杭州市多年累积的逐月积雪日数变化曲线,可以发现杭州市积雪时间段在 11 月到次年 3 月,集中发生在 1 月和 2 月,占全年 80% 以上,尤其以 2 月最多,发生在 3 月和 11 月的概率较小。但这些小概率事件的发生有时更易产生严重的损失,譬如秋高气爽时节突遇积雪天气,气温骤降,人畜极易受寒致病,而在春暖花开时节突遇积雪天气,低温对作物幼苗则是巨大的挑战。

　　(4)平均积雪深度年际变化

　　在降雪量和降雪、积雪持续时间达到灾变程度时,直接而重要的致灾因子便由积雪深度体现出来。积雪深度一方面造成交通运输阻滞,另一方面一定积雪深度一定雪压下会造成严重的建筑物倒塌事故、农作物折损等。杭州市平均积雪深度年际变化特征如图 6.14。

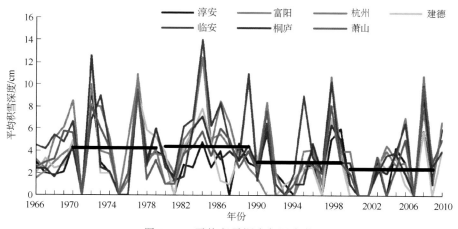

图 6.14　平均积雪深度年际变化

　　各国家气象观测站年平均积雪深度反映当年该站一年积雪状况的平均状态。统计资料表明 1966—2010 年杭州市各气象站逐年平均积雪深度在 1~14 cm 之间剧烈振荡,总体呈衰减态势。1970—1989 年间杭州全市平均积雪深度基本维持在 4 cm 左右,1990—1999 年间全市平均积雪深度降至 3 cm 左右,2000—2009 年降至 2.3 cm 左右。

　　(5)最大积雪深度年际变化

　　最大积雪深度反映了降雪致灾的可能性和一旦受灾的最大严重性。交通线路上覆盖的较厚积雪严重阻碍交通运输,而建筑物、农作物则会随着积雪深度的增加承受越来越大的雪压,超过其最大承载能力时即会发生坍塌、折毁等现象,形成灾害。1966—2010 年杭州市最大积雪深度年际变化特征如图 6.15 所示。

　　杭州市各国家气象观测站的年最大积雪深度年际变化形势与年平均积雪深度曲线形态相似,年际振荡明显,总体呈衰减态势,最大值与最小值差值可达 30 cm 以上。1970—1989 年间杭州全市最大积雪深度均值维持在 8.5 cm 左右,1990—1999 年间全市最大积雪深度均值降至 6.0 cm 左右,2000—2009 年降至 4.7 cm 左右。不过,最大积雪深度降低背景下仍不乏极端降雪天气,如 1998 年富阳站年最大积雪深度达 34 cm,2008 年临安站达 28 cm。

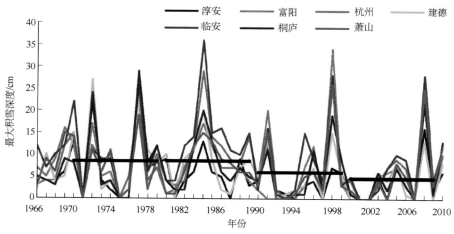

图 6.15　最大积雪深度年际变化

6.3　低温积雪灾害灾情分析

6.3.1　低温灾害灾情分布特点及分析

（1）低温灾害灾情分布特点

据 1984—2008 年灾情统计资料分析，杭州全市低温灾害次数分布如图 6.16 所示。

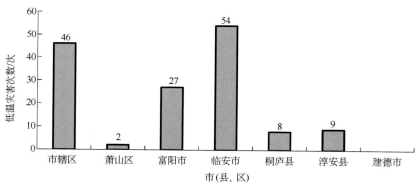

图 6.16　低温灾害次数分布

临安市发生低温灾害次数为全市最多，其次为杭州市辖区，富阳市第三。建德市在低温灾害灾情上并无记录。

表 6.1　1984—2008 年低温灾害灾情分布

年份	低温灾害次数/次	直接经济损失/万元	农作物受灾面积/hm²
1984	5	—	—
1985	3	52.3	—
1986	3	—	—
1987	15	201.1	40120

（续表）

年份	低温灾害次数/次	直接经济损失/万元	农作物受灾面积/hm²
1988	12	—	—
1989	7	—	—
1990	10	—	—
1991	4	—	—
1992	12	12.6	—
1993	7	—	—
1994	4	—	—
1995	2	—	—
1996	11	—	—
1997	2	—	—
1998	10	8782	12200
1999	3	—	—
2000	—	—	—
2001	3	527	—
2002	4	—	—
2003	4	—	—
2004	9	—	—
2005	7	2283.5	7186.7
2006	6	11	—
2007	2	—	—
2008	1	132.3	—

从统计结果（表 6.1）可看出，1987 年、1998 年和 2005 年受低温灾害较严重，直接经济损失和农业受灾面积较大。

（2）低温灾害灾情分析

据灾情统计，1987 年 3 月杭州市辖区在冷空气的影响下，日平均气温比常年偏低 6.0 ℃左右，全市普降冰粒和晚春雪；26 日大部分地区最低气温在 −1.0～−2.0℃，各地普遍出现霜冻。春花作物、茶桑、果树、蔬菜等均不同程度受冻害。江干区有 1800 亩已移栽到大田的番茄因冻害而死苗达 850 亩之多。4 月，受强冷空气影响，全市气温急剧下降，给早稻育秧、茶桑生长、油菜开花授粉带来不同程度的影响。

1998 年 3 月，全市普遍出现春季寒潮冷害天气，部分地全区出现大雪，伴有冰雹，雷电等强对流天气。此次春季寒潮降温幅度大，最低气温低，对于全市茶叶、春粮、蔬菜等农作物危害较重。据灾情记录显示，萧山区最大雪深 4 cm，冰雹最大直径 1 cm，过程雨雪量 41.1 mm，24

小时降温 14.1 ℃,22 日最低气温达－1.9 ℃,致使林业受损严重,直接经济损失 4000 余万元。桐庐县受强寒潮袭击并伴有强对流天气,出现大雪(以冰粒为主)和冰雹,并伴有强雷暴,最大积雪深度为 3 cm,最大冰雹的最大直径为 9 mm,日平均气温过程降温幅度达 16.0 ℃,过程雨雪量为 88.0 mm,为历史罕见。淳安县春粮及春茶生长受其影响较大,全县造成 2000 多万元的经济损失。

2005 年 3 月,杭州市受北方南下的冷空气影响,全市普遍出现春季寒潮。过程降温幅度大,并伴有降雪。此次寒潮大雪天气给全市的农业生产带来巨大的损失,尤其对春茶的影响,明前茶的产量明显减产。同时,寒潮还带来了气温的较大起伏,降低了居民的健康指数,患病人数明显增加。此次寒潮造成富阳市农作物冻害,其中茶叶最为严重,受冻茶园 400 km²,无法采收。全市有 466.7 km² 果树被冻坏,其中 333.3 km² 柑桔树叶脱落,枝条枯死,66.7 km² 枇杷花果无存,66.7 km² 杨梅树皮开裂,部分冻死,经济损失 300 万元。桐庐县萌芽的春茶也受冻严重,严重影响产量和品质。

据灾害年鉴资料显示,萧山区也曾遭受严重的倒春寒和寒潮低温灾害。2006 年 4 月份的倒春寒带来的强降温、春季低温以及明显的降水天气对于农作物、设施农业以及正处于花期的果树等产生了较大影响,并有大面积的农作物受冻、受淹,大棚被吹倒;2008 年 3 月受春季寒潮影响,萧山全区出现大雪,伴有冰雹,雷电等强对流天气,降温幅度大,极端低温低,致使林业受损严重,直接经济损失 4000 余万元。富阳市西北部山区多受强降温影响,如 1988 年 3 月份遭受北方强寒潮侵袭,气温骤降,先后出现两次冰雹天气,全县 23 个乡遭受袭击。桐庐县 1988 年 3 月遭强寒潮袭击,出现大风、冰雹灾害性天气,春粮估计减产 10% 以上;2005 年 3 月受冷空气影响,发生寒潮,随后出现大到暴雪,积雪深度较大。淳安县的历史低温灾情记录虽然较富阳和桐庐要少,但每次低温灾害所导致的影响都很严重,对农业生产、春花及其他经济作物的生长都造成不同程度的严重影响。大雪封山,公路结冰,会造成交通线路严重阻滞;低温天气,乡镇供电线路和供水管道常会受冷绷断、破裂,严重影响市民日常生活。

6.3.2 积雪灾害灾情分布特点及分析

(1)积雪灾害灾情分布特点

据 1984—2008 年灾情统计资料分析,杭州全市积雪灾害次数分布如图 6.17 所示。

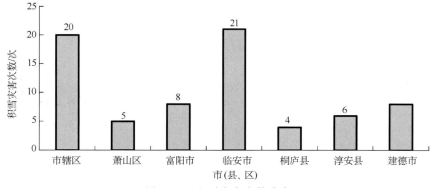

图 6.17 积雪灾害次数分布

　　25 a 间杭州市各区县共有 71 起雪灾灾情记录,其中 9 a 有详细损失描述的灾情记录。直接经济损失较大(超过 1000 万元)的集中在 1984、1991、1998、2005、2008 年这 5 a 中(表 6.2)。各地灾情记录以临安和市辖区为最多,分别为 21 次和 20 次,若从经济损失角度与灾害次数的关系考虑,则根据灾情记录,淳安县和富阳市发生雪灾,雪灾在两地都造成了一定的直接经济损失,属于逢灾必损地区。

　　(2)雪灾灾情分析

　　根据杭州各县市雪灾的灾情记录结果,雪灾对杭州的成灾形式包括直接经济损失、农作物受灾面积、倒塌房屋等类型。但由于部分灾害类型的记录缺失,灾情信息时序不统一,以及在灾情采集过程中存在的人为误差,况且灾情本身就存在模糊性及不确定性,从而无法将所有的灾情记录都纳入分析过程。选取直接经济损失/万元、损房屋/间、农作物受损数/公顷三个指标刻画灾情程度。其中倒损房屋包括倒塌房屋数和受损房屋数;受损农田包括农作物受灾面积和农作物成灾面积数。1984—2008 年灾害指标分类如表 6.2 所示。

表 6.2　1984—2008 年积雪灾害灾情分布

年份	经济损失/万元	农作物受灾面积/hm²	农作物灾面积/hm²	倒塌房屋/间	损坏房屋/间
1984	1916.9	4309.27		790	271
1985					
1986					
1987					
1988					
1989					
1990					
1991	3607.2	578.33		231	2130
1992					
1993					
1994					
1995	125.2				
1996					
1997					
1998	51688	12666.67	3000	2750	3156
1999					
2000					
2001					
2002					
2003	125.89				
2004	125.3				
2005	7130.2	13333.3			
2006	157.6				
2007					
2008	19000	7866.67	6600	138	

从统计结果可看出,1984 年、1991 年、1998 年、2005 年和 2008 年杭州市遭受雪灾较严重,其直接经济损失和农业受灾面积较大,并造成多处房屋倒损。

1)直接经济损失

由于杭州市经济的快速发展,一方面经济体的增大加重了自然灾害的经济损失,另一方面防灾能力的提升也降低了灾害导致的经济损失占社会总体经济的比重。证明由于防灾能力的提升,灾害对人类社会的影响不断减小。

社会经济损失状况可以从直接经济损失与间接经济损失两方面分析。此处主要从典型性的直接经济损失的角度分析,反映杭州历史上雪灾导致的经济损失,并分析其分布特征。根据 1984—2008 年 25 a 的雪灾灾情记录提取 25 a 间直接经济损失,如图 6.18 所示。

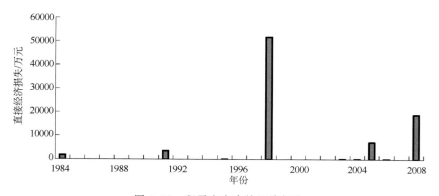

图 6.18　积雪灾害直接经济损失

该区雪灾的发生并不频繁,仅在 1998 年和 2008 年,雪灾造成的经济损失较高,分别为:51688 万元和 19000 万元。其他有灾情记录的年份经济失低于 10000 万元。

2)农作物受损面积

根据 1984—2008 年间的雪灾灾情记录提取雪灾中农作物的受损面积信息,如图 6.19。

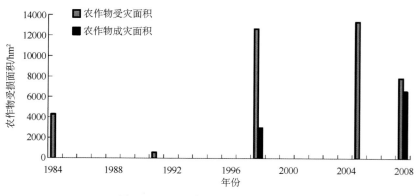

图 6.19　积雪灾害农作物受损面积

该区 1998 年为雪灾灾情最严重的一年,农作物受灾面积 12666.67 km²,成灾 3000 km²。2008 年受灾 7866.67 km²,成灾 6600 km²。其他年份则受灾程度较轻。1998 年 1 月 22 日富阳市全市普降暴雪,大批树木、毛竹压断,大批蔬菜、草莓等经济作物受损。同年,建德市 1 月

22—23 日出现了暴雪天气,使农林作物(草莓、毛竹、树木柑桔)等受灾 4000 km²,其中成灾 3000 km²,绝收 1000 km²;死亡牲畜 10 头。

3)房屋倒损

雪灾对房屋的破坏作用主要从倒塌房屋数和损坏房屋数两个指标考虑:"倒塌房屋"是指全部倒塌或房屋主体结构遭受严重破坏无法修复的房屋数量,在对该项灾情进行统计时,以自然间为计算单位,辅助用房、活动房、工棚、简易房和临时房屋均不在统计范围之列;"损坏房屋"是指主体结构遭到一般破坏、经过修复可以居住的房屋,统计时与倒塌房屋指标的统计相同。

根据 1984—2008 年间的雪灾灾情记录提取积雪灾害倒损房屋信息,如图 6.20。

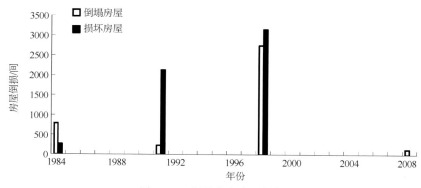

图 6.20   积雪灾害房屋倒损

该区 1998 年倒塌房屋 2750 间,损坏房屋 3156 间,为 25a 间房屋倒损的最高纪录。1991 年倒塌 231 间,损坏 2130 间。其他年份灾害程度较轻。1991 年 3 月 20—26 日临安市,15 个乡镇 100 多个行政村遭冰雹和暴风雪袭击。农房倒塌 43 间,损坏 2130 间。临安市 1998 年 1 月 21 日发生降雪,损坏房屋 45 间,倒塌房屋 140 户 350 间。同年 1 月 22 日,富阳市全市普降暴雪,过程雪量 52.4 mm,连续积雪 8 d,最大雪深 34 cm,为富阳有记录以来最大一次,全市倒塌民房 12 户 26 间,损坏房屋 157 户、511 间,2 户 4 人无家可归。

6.4   低温积雪灾害致灾因子危险性评价

6.4.1   低温积雪灾害致灾因子

(1)低温灾害致灾因子

1)杭州市累年平均年极端最低气温空间分布如图 6.21 所示。

杭州市中西部山地、丘陵等高海拔地区,杭州市东北部河网平原、东部滨海平原、中西部梅城两江小平原、寿昌盆地、千岛湖区不易出现极端低温。西北部的天目山及百丈岭一带是冬季极端低温较严重的地区,其中天池站的平均极端低温达到 −13.2 ℃,2005 年还曾出现 −15.3 ℃ 的低温。西南的清凉峰以及东南的昱岭也曾出现较低的极端低温。从国家气象观测站的统计数据中可以看出,临安站的极端低温基本处于 7 站之首,因此临安市各乡镇都常受到低温灾害影响。淳安县极端低温低值区域主要分布在北部昱岭山区、东南部千里岗山系和西南部的白际山;而极端低温高值区域则集中在千岛湖周边水域以及周边河谷盆地。建德极端低温值较低的区域分布在北部昱岭余脉、东北部龙门山系和千里岗余脉，而高值区则分布在西南部丘陵地区和开阔的河谷平原地区。

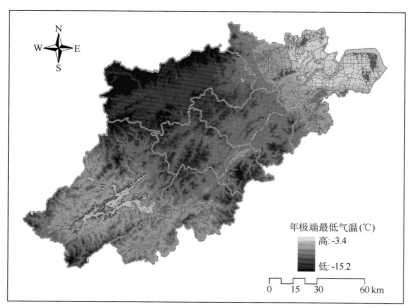

图 6.21　多年平均年极端最低气温空间分布

2）累年平均低温日数空间分布

如图 6.22，杭州市年均低温日数空间分布与极端低温的空间分布状况相一致。

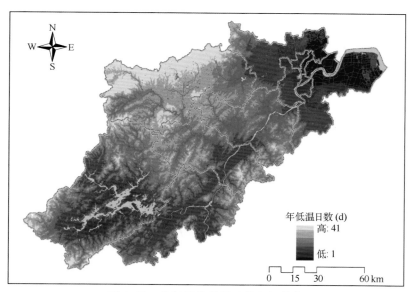

图 6.22　多年平均低温日数空间分布

低温主要出现在山地，东北平原冬季相对较温暖。西北部的大峡谷镇天池站的平均低温日数相对较多，达 42 d，2005 年曾出现 64 d 的低温；中西部的湍口镇军建站次之，平均低温日数为 34 d。临安西北的大峡谷,西南的清凉峰及东南的昱岭都曾出现过较多的低温日数。桐庐县冬季平均日最低气温的低值区分布在东南部龙门山主峰之观音尖、南部千里岗山余脉和西北部昱岭余脉山区;高值区则集中在富春江沿岸地区。建德北部昱岭余脉和东北部龙门山系区域的低温日数较多,西南部丘陵地区和开阔谷地的低温日数相对较少。

　　3)冬季累年平均日最低气温空间分布

　　选取 2005—2009 年冬季低温天气较集中的 12 月至 2 月 56 个自动站资料将各站点的平均日最低气温用 ANUSPLINE 进行空间差值,获取相对显著的低温分布状况,如图 6.23。

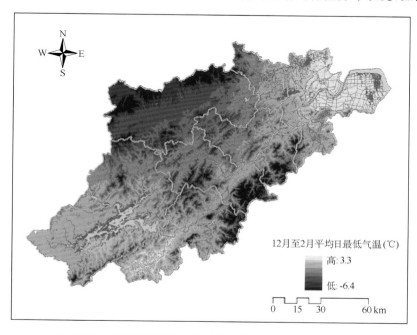

12月至2月平均日最低气温(℃)

高:3.3

低:-6.4

0　15　30　　　60 km

图 6.23　冬季(12 月至 2 月)多年平均日最低气温空间分布

　　该区人口集中的城区与东北部平原地区气温较高,冬季较温暖,而西北部临安昌化是全市冬季气温最低的地区。最高值与郊区最低值相差约 4.0 ℃,比夏季平均日最低气温城郊差值还要高约 2.0 ℃,由此可见冬季的城市热岛效应要大于夏季。冬季平均日最低气温的最小值位于天池站,仅有-1.8 ℃,最大值位于高级中学,为 5.1 ℃。杭州主城区位于杭州市东部滨海平原,为全市人口最为密集、人类活动最为频繁的区域,工农业生产、人民群众日常生活遭受低温冷害的几率较小。由于中心城区存在城市热岛现象,且城市热岛现象一般在冬季表现的更为明显,因此城上城区、下城区、拱墅区、江干区和滨江区的冬季平均日最低气温相对较高,出现低温灾害的危险性比较低。西湖区由于受到水体和西部丘陵的影响,冬季平均日最低气温要比中心城区低,但也属于低温灾害低风险范围。从图上看,余杭区西北大部分地区的冬季平均日最低气温普遍较低,处于气温低值区。另外,萧山区南部群山环绕,楼塔镇、河上镇、浦阳镇和进化镇都处于平均日最低气温的低值区域。建德和富阳地区昱岭余脉和东北部龙门山系一带由于海拔地势较高,为冬季的日平均最低气温低值区域。

（2）积雪灾害致灾因子

1）积雪概率空间分布

积雪概率反映了研究区遭受雪灾的可能性问题。考察研究区的积雪概率问题,一方面观测数据要有一个比较长的时间序列,另一方面还要特别注意数据有比较好的空间代表性,站点疏密程度能够满足研究需求。传统气象站点观测资料虽然时间序列比较长,但杭州全市仅有七个气象站点数据可用,显然不能准确实现研究区的积雪概率空间分布信息获取。

遥感数据在一定程度上解决了以上问题。研究中利用 MOD10_L2 数据的积雪覆盖子数据集进行杭州市积雪区以及积雪概率空间分布信息提取。主要步骤:①几何校正;②积雪区提取:提取出影像中值为 200 的像素,即为积雪区;③积雪区检测结果配准叠加得到积雪频率空间分布,如图 6.24 所示。

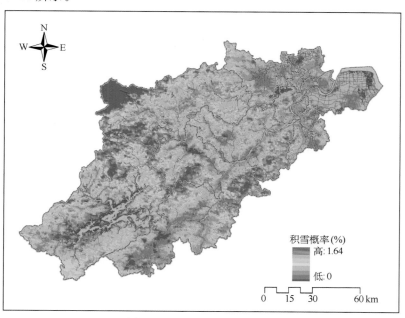

图 6.24　积雪概率空间分布

杭州市积雪概率较高区域为杭州市中西部山地、丘陵,高值集中于高海拔地区,杭州市东北部河网平原、东部滨海平原、中西部梅城两江小平原、寿昌盆地、千岛湖区则是低概率和次低概率的集中区。此种分布状态的成因,分析认为可从两大方面进行讨论,一是遥感数据因素,二是气象、地理等因素。获取高质量积雪遥感影像依赖晴好天气,而且 MODIS 成像时间大约为当地每日上午 10:30。因此,从研究区真正开始积雪到停止降雪(也即积雪过程完毕),然后再到晴好天气进行遥感成像,整个过程经历了一个融雪期(一般该时间很短暂,为了表述便利,将该时间定义为积雪遥感滞后时间),积雪深度较小区域很有可能在这段时间从"积雪区"中退出。此外,云的影响也特别严重,真正等到天气完全晴好实施遥感监测,原先的积雪遥感滞后时间势必较长,那么最后的积雪区范围较之前已经缩小很多。这样,每次从遥感影像中提取出的积雪区域同理想中或是实际研究需要得到的积雪区有差异。

分析中考虑气象、地理因素时,首先要指出"对流层内气温随海拔增高而降低"这样的事实,这是分析的基本前提。例如,针对两个选定的研究区,同一时间段内、同样的降雪量、同样的下垫面组分,如果地面粗糙度差异不大,两个研究区应该有相近的积雪量,但若两个研究区有较大海拔差异,降雪过程结束一段时间后,两区积雪量可能就会出现差异。于是图 6.24 上高山地区表现出积雪概率较高,平原、河谷表现出积雪概率较低。同时,还有两个重要因素在积雪遥感滞后时间内起到了一定作用:一是水体作用,水体较强储热能力和缓慢释热能力使得水体附近的积雪更快消融;二是人类活动影响,其实应当可以借用城市热岛来解释。当城市、乡村、森林等都被积雪覆盖后,由下垫面属性引起的受热差异并不明显,但人类活动(譬如行车、做饭、工厂开工、空调取暖等)释放出的热量加速了人类活动区域(也即平原、河谷地带)积雪消融速率。

2)杭州市平均积雪覆盖率空间分布

积雪覆盖率是一次降雪过程后研究区中能够使降雪得以保存的那部分区域占整个研究区的比例,反映了研究区蓄雪能力,蓄雪能力越强,遭受雪灾的可能性越大。

利用 MOD10_L2 影像的积雪覆盖率子数据集进行杭州市积雪覆盖率空间分布信息提取。主要步骤:①几何校正;②有效积雪覆盖率区域提取:提取出影像中值为 0～100 的像素,即为有效积雪覆盖率区;③积雪覆盖率区检测结果配准叠加并取平均得到平均积雪覆盖率空间分布,如图 6.25 所示。

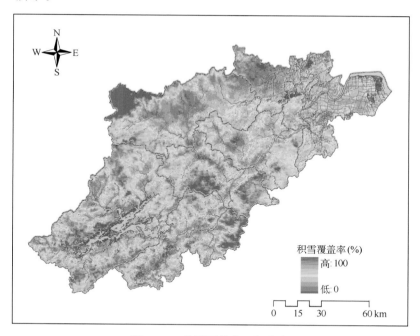

图 6.25　积雪覆盖率空间分布

杭州市蓄雪能力空间分布与其积雪频率空间分布特征基本一致,中西部山区、丘陵地区平均积雪覆盖率较高,蓄雪能力强,平原、河谷地区平均积雪覆盖率较低,蓄雪能力相对较弱。这种分布态势的成因基本与积雪频率分布成因相同,但有一个因素在考虑积雪覆盖率问题时还需加以讨论——空间尺度因子。如果研究单纯在 500 m 空间分辨率尺度上进行,那么遇到的问题要简单一些,但是研究中使用的积雪覆盖率是两种空间尺度的遥感数据相结合获取的。

在 500 m 空间分辨率的遥感影像上单棵或者小团簇的乔木不可能被清晰辨别，但在 30 m 空间分辨率的遥感影像上小团簇的乔木、灌木可以较清晰辨别。因此存在一个问题：空间尺度越小，影像纹理信息越细腻，小团簇形态的乔木或灌木冠顶的积雪可以与团簇间空隙较清晰区别；而在空间尺度大的遥感影像上，由于区分不了团簇形态的乔木或灌木，加上冠顶积雪反射率远高于间隙反射率，这样积雪信息便占据了整个混合像元，造成了积雪覆盖率信息放大。这可能是杭州市东部滨海平原和东北部河网平原地区平均积雪覆盖率与积雪频率不相吻合的原因，进一步对比分析发现平均积雪覆盖率与积雪频率在该区域的差异（分别为 0.21 和 0.23）却十分接近，表明图 6.24 与图 6.25 的直观差异并非全部来自数据本身，色差的应用与调整成为重要因子。此外，受人工影像较大的下垫面较自然表面还有一个比较重要的特点：若以个体人置身城市中的视角观察城市，得到的结论是高高低低、粗糙不堪，而以飘雪从空中视角俯瞰城市，得到的结论是大大小小"面片"，这种"面片"较自然表面具备更好的蓄雪能力。

与积雪频率空间分布相比，积雪覆盖率产品是基于经验模式得出的，其更接近于实际情况，因为它一定程度上消除了云的影响。因此，积雪覆盖率较大的区域，包括杭州市中西部丘陵和山区、东部平原部分区域，都是潜在雪灾风险区，需加以防范。

6.4.2 低温积雪灾害危险度分析

杭州市低温冷害危险性空间分布图是由平均低温日数空间分布图与极端低温空间分布图加以权重叠合而成的，在一定程度上较好地反映出杭州市低温冷害易发生区域的分布状况，如图 6.26。西北部的天目山、百丈岭，中西部的昱岭、西南部的白际山、千里岗，中部的羡山以及东南部的龙门山都是低温冷害易发生的区域。东北平原冬季相对较温暖，不易发生低温灾害。水系和湖泊地区周围发生低温灾害的危险性也相对较小。

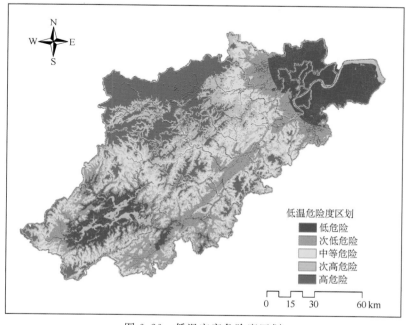

图 6.26　低温灾害危险度区划

　　杭州主城区所遭受的低温冷害多为春秋季寒潮所带来的大幅度降温,以及春季出现倒春寒天气。其中,春秋季寒潮带来的大幅度降温对市辖区造成的低温灾害影响较大,通常会伴有雷雨、大风、冰雹、冰粒以及霜冻现象,严重的年份还会出现降雪天气,给居民的身体健康和农业生产、茶叶种植,以及由于积雪给交通运输和建筑行业带来一定的影响。余杭区春、冬、夏季风交替,冷暖空气活动频繁;春雨连绵,风向多变,天气变化较大;冬季盛吹西北风,寒冷、干燥,如遇北方强冷空气,就出现寒潮,因此西北部低温灾害危险性较高。临安大部,尤其是东南、西南、西北的丘陵山区也是低温灾害危险性较高区域。从国家气象观测站的统计数据中可以看出,临安站的低温日数和极端低温基本都处于 7 站之首。尤其是西北的大峡谷,西南的清凉峰以及东南的昱岭都曾出现过较多的低温日数以及较低的极端低温。临安的山区种有大面积核桃树、毛竹、茶树等经济作物,因此较高的低温灾害危险性常造成严重的经济损失。由于余杭区西北部,临安大部均有着较高的低温灾害危险性分布,因此需要重点防御。从历史灾情上看,萧山区曾遭受严重的倒春寒和寒潮低温灾害。其中,2008 年 3 月受春季寒潮影响,全区出现大雪,伴有冰雹,雷电等强对流天气,降温幅度大,极端低温低,致使林业受损严重,直接经济损失 4000 余万元;2006 年 4 月份的倒春寒带来的强降温、春季低温以及明显的降水天气对于农作物、设施农业以及正处于花期的果树等有较大的影响,大面积的农作物受冻、受淹,大棚被吹倒。因此,除了加强主城区的低温灾害防御,还要针对西湖西部山林和萧山区农业的分布状况,制定相应的防御措施提高林地和农作物的防寒能力,保护农林业生产。而西部山区的低温灾害多发生在丘陵山地,对农业生产、春花及其他经济作物的生长都造成不同程度的严重影响;大雪封山,公路结冰,连续好几天公路交通中断,交通线路阻滞;乡镇的供电线路和供水管道遭到破坏,电力通讯以及居民用水都受到严重影响。

　　将杭州市积雪概率和积雪覆盖率空间分布数据进行叠合可以得到杭州市积雪灾害危险度区划,如图 6.27 所示。

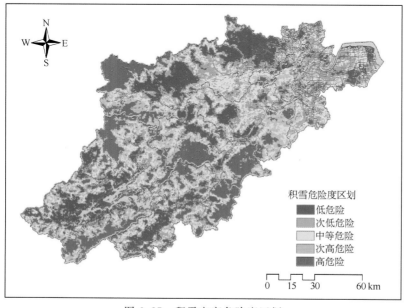

图 6.27　积雪灾害危险度区划

杭州市积雪灾害危险度与积雪概率、积雪覆盖率空间分布基本一致:低风险区、次低风险区基本分布在东部平原、中西部河谷平原地区,中等风险、次高风险区主要分布在东部人口密度较大区域以及中西部山区山坡、丘陵地带,高风险区则集中在海拔较高的山地。

东部人口密度较大区域处于积雪灾害的中等风险、次高风险区,应当有两方面因素:一是工业生产区厂房、生活区附近的集市大棚多是彩钢或塑料材质,本身强度不高;二是这些区域虽然没有较高的积雪频率,但每次的积雪覆盖率较大,有较多积雪承载体,而这些承载体自身强度问题,或许在一定积雪条件(积雪量不一定很大)下就造成了塌方事故。海拔较高的山地则是积雪灾害高风险区,这些地方虽然人类活动较少,但大量积雪会造成林地毁坏、电力、通信线路毁坏等,严重影响人类正常生产生活秩序。

杭州市低温灾害危险度与积雪灾害危险度进一步叠合可以获取该区低温积雪灾害的危险度状况,如图 6.28 所示。

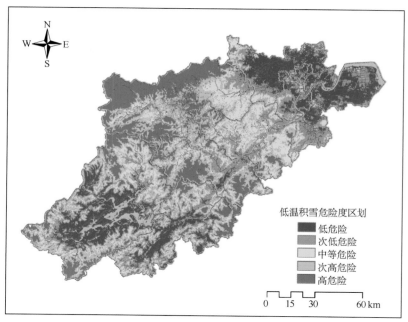

低温积雪危险度区划

低危险
次低危险
中等危险
次高危险
高危险

0   15   30   60 km

图 6.28　低温积雪灾害综合危险度区划

杭州市低温积雪灾害综合危险度集合了低温灾害和积雪灾害信息,主要特征为低温、积雪灾害最主要区域在高山丘陵等高地,灾害危险度逐级分析显示:低风险区、次低风险区基本分布在东部平原、中西部河谷平原地区,中等风险、次高风险区主要分布在中西部山区山坡、丘陵地带,高风险区则集中在海拔较高的山地。

东部人口密度较大区域相对中西部高山丘陵区域低温积雪灾害危险性较低,次低危险区域也基本集中在河谷平原、水系周边。低温积雪灾害危险度这种布局似乎揭示人员活动密集区域遭受严重低温积雪灾害可能性较小,灾害防御工作也似乎不必着重开展,但考虑到图 6.28 是自然条件下对低温积雪灾害危险度进行的判定,并未纳入该灾害承灾体易损性、灾害防御能力等因素。在完全自然条件下这些区域虽然没有较高的危险性,但人等承灾体相对脆弱,平原地区相对较弱的低温积雪强度也会造成较严重的灾害。因此,低温积雪灾害风险区划纳入承灾体、防御能力等要素是十分必要的,而致灾因子——低温积雪灾害危险度的制定又是必不可少的一步。

6.4.3　低温、积雪灾害重现期

（1）低温灾害指标

根据杭州市国家气象观测站 1966—2010 年低温日数和极端最低气温资料,研究中采取各站结合 EasyFit 5.3 进行单独分析获取概率分布模型的方法求取杭州市低温日数以及极端最低气温重现期,分析结果表明:低温日数重现期估算中,临安站数据分布与对数逻辑斯谛克分布(Log-logistic distribution)较吻合,其余六站数据则与逆高斯分布(Inverse Gaussian distribution)较吻合;极端最低气温重现期的计算中,临安、富阳与杭州站数据分布与对数逻辑斯谛克分布(Log-logistic distribution)较吻合,萧山、桐庐站数据与逆高斯分布(Inverse Gaussian distribution)较吻合,淳安与建德站数据与 Frechet 分布较吻合。

依据选定的概率分布函数计算得出的各气象站低温日数和极端气温重现期就间接反映了杭州市遭受不同等级低温灾害的潜在可能性,该区低温日数指标如图 6.29 所示。

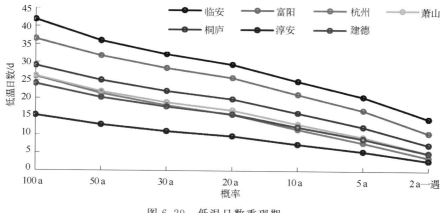

图 6.29　低温日数重现期

杭州市国家气象观测站概率曲线走向基本一致。临安和富阳在各种概率下出现的低温日数均明显高于其他五个站,尤以临安为甚。淳安曲线变化幅度相对较小,百年一遇的情况下日数也不超过 20 d,说明不易出现低温天气。

杭州市极端低温重现期与低温日数重现期各曲线走向有所差别如图 6.30 所示。淳安、建德和桐庐极端最低气温略高于杭州其余各市（县）,10 a 一遇极端最低气温为 $-8.0 \sim -6.7$ ℃,50 a 一遇极端最低气温为 $-10.0 \sim -8.8$ ℃;杭州 10 a 一遇极端最低气温为 -8.0 ℃,50 a 一遇极端最低气温为 -11.6 ℃;临安、富阳和萧山极端最低气温较低,10 a 一遇极端最低气温达 $-10.6 \sim -9.4$ ℃,50 a 一遇极端最低气温为 $-15.0 \sim -13.9$ ℃。

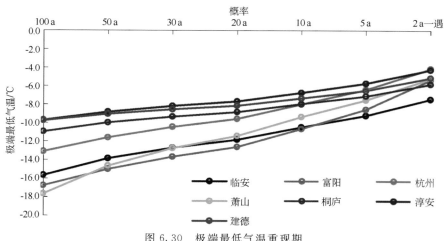

图 6.30 极端最低气温重现期

（2）积雪灾害重现期

根据杭州市国家气象观测站 1966—2010 年积雪深度资料提取出各气象站逐年的最大积雪深度,研究中采取各站结合 EasyFit 5.3 进行单独分析获取各自概率分布模型的方法求取杭州市最大积雪深度重现期,分析结果表明:淳安站、富阳站数据分布与对数逻辑斯谛克分布(Log-logistic distribution)较吻合,杭州站、建德站、临安站、桐庐站以及萧山站数据分布则与逆高斯分布(Inverse Gaussian distribution)较吻合。

如前所述,最大积雪深度表征杭州市受积雪天气影响的严重程度,依据选定的概率分布函数计算得出的各国家气象观测站最大积雪深度重现期就间接反映了杭州市遭受不同等级积雪灾害的潜在可能性,该区最大积雪深度指标如图 6.31 所示。

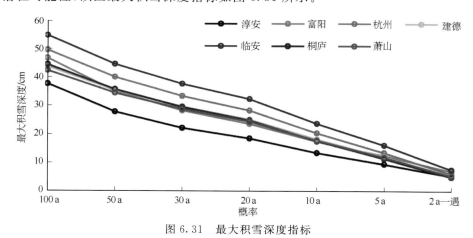

图 6.31 最大积雪深度指标

从杭州市最大积雪深度重现期来看各国家气象观测站概率曲线走向较一致,因为一次较大的降雪过程空间水平尺度是足以覆盖杭州全境的。与年最大积雪深度年际变化统计结果类似,临安站、杭州站指标基本处于其余各站之前,它们 10 a 一遇的可能最大积雪深度可以达到 20～24 cm,50 a 一遇的可能最大积雪深度可达 40～45 cm,接近 0.5 m;淳安站指标则一直处在各站末位,50 a 一遇的可能最大降雪深度为 27 cm;富阳站、建德站、桐庐站和萧山站指标则十分相近,50 a 一遇的可能最大降雪深度为 35 cm。

6.5　低温积雪灾害孕灾环境敏感性评价

　　低温积雪灾害的孕灾环境是指低温积雪天气现场的局地自然环境和人类环境对低温积雪灾害形成和发展的贡献程度。在同等的低温积雪天气条件下,地势低洼、起伏平缓的地区同峰峦叠嶂、沟壑林立、河网密布地带灾情并不一致。需要建立合理优化的指标组合和权重,利用环境演变趋势和敏感性试验来评价其对低温积雪灾害综合风险的响应关系。

　　一般而言,地形海拔高度与低温积雪天气关系密不可分。地形对低温积雪天气有着直接影响,与低温积雪天气危险程度密切相关。一方面,海拔高度这一地形因子对低温积雪天气有重要影响作用,即海拔高度越高,发生低温积雪天气的几率和危险性越大。另一方面,地形起伏程度越大,即局地地势有明显高差,易发生雪崩,地形起伏较小,说明局地地势相对平坦,则又容易形成积雪堆积。考虑某个栅格单元海拔高度及其相邻范围内高程相对标准差来表征地形特征对低温积雪天气危险性作用。依据自然断点准则将该区海拔高度按 3 个梯度分割为 5 个等级。海拔高度越高,低温灾害越多、积雪厚度越持久。

　　同样依据自然断点准则将地形标准差分割为 5 级。坡度越小,积雪越易积聚、冷气块越易汇积;坡度偏大则易因积雪崩塌、滑落形成雪崩灾害。

　　根据地形因子中绝对高程越高、相对高程标准差越小,则低温积雪天气危险性程度越高的原则,确定出地形因子影响程度(0.0 ~ 1.0)划分标准。综合叠加地形高程与地形标准差的栅格图层,并根据表 6.3 确定的综合地形因子影响度的划分标准,得到综合地形因子影响度的栅格图层。

表 6.3　低温积雪灾害风险地形因子影响程度

海拔高度/m	地形标准差Ⅰ级	地形标准差Ⅱ级	地形标准差Ⅲ级	地形标准差Ⅳ级	地形标准差Ⅴ级
877~1657	0.9	0.8	0.7	0.6	0.5
573~877	0.8	0.7	0.6	0.5	0.4
354~573	0.7	0.6	0.5	0.4	0.3
167~354	0.6	0.5	0.4	0.3	0.2
2~167	0.5	0.4	0.3	0.2	0.1

　　在积雪天气孕灾环境分析中,河网水系的区域性分布特征是比较重要的影响因素。距离河道愈近的地方,低温积雪灾害危险性越小。当然,还要考虑河流级别的差异,干流较一级支流、一级支流较二级支流具有更强的影响力和影响范围。低温积雪天气危险程度同时受流域形态特征影响。

　　通过以上对孕灾环境各影响因素的分析,并结合各种影响因子对杭州局地孕灾环境的不同贡献程度确定相应权重值,如表 6.4。进一步可将地形高程、地形起伏度、地形坡度、河网密度以及植被覆盖度特征信息叠合估算该区孕灾环境脆弱度,如图 6.32。

表 6.4　低温积雪灾害敏感性孕灾环境敏感性因子权重

孕灾环境影响因子	地形高程	地形起伏度	河网密度
权重	0.5049	0.3506	0.1445

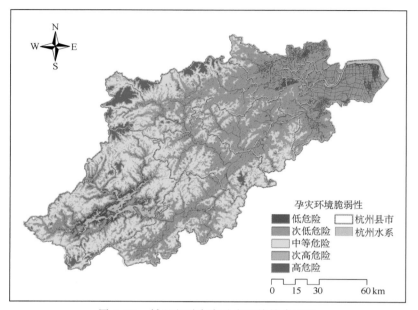

图 6.32　低温积雪灾害孕灾环境综合区划

　　根据区划结果分析,杭州市低温积雪孕灾环境敏感性高风险区多在海拔较高区域,昱岭、天目山、千里岗山系及龙门山脉均是较脆弱地区。余杭区、萧山区、市区、千岛湖沿岸、富春江边及其支流沿岸、以及青山水库等零星水库附近则不具备很强的低温积雪天气孕灾环境。

6.6　低温、积雪灾害承灾体易损性分析

　　受低温、积雪灾害影响的主要是建筑物、输电线路、交通道路、农业、森林等。根据杭州历次积雪天气灾损类型与低温、积雪天气因子的关联度分析,选择能够基本反映区域灾损敏感度的人口密度、农业用地比重、道路密度因子、森林覆盖度、人均用电量以及地均 GDP 作为易损性评价因素。

　　人口密度、经济布局也随土地利用类型有所不同,以城镇居民用地为主土地利用承载着高密度的人口分布,是各县市经济发展的中心地带,也是灾害过程中的重点防御对象。而现代交通包括公路、航空,低温积雪天气发生极易发生交通事故或交通中断,机场停飞,造成人员伤亡和重大经济损失。一旦有低温积雪天气发生,道路结冰、积雪等极易造成灾害,道路危险程度较高。需要从道路展线和路基条件等方面,分析道路特别是沿河道路的承灾体易损性特征。

　　低温、积雪天气还是影响杭州市农业生产的重要灾害性天气。农业是一种露天生产和高风险性的产业,每次积雪天气都会造成大面积经济作物受灾,对农业生产和发展造成损害尤为

严重。尤其是对粮食生产和其他经济作物的种植有着难以防御的灾损作用。农业用地(旱田、茶园、苗圃、果园、设施农业、农村居民点以及各种经济林木等土地利用类型)面积比重越大,积雪天气易损性越高,积雪天气灾害风险越大。

通过以上对承灾体影响因素的分析,选取人口密度、农业用地比重、道路密度因子、森林覆盖度、人均用电量以及地均 GDP 五项因子作为易损性评价指标,并结合各影响因子对杭州低温积雪风险承灾体的贡献程度确定相应权重值,如表 6.5。

表 6.5　承灾体易损因子权重

承灾体影响因子	人口密度	道路密度	农业用地比例	森林覆盖度	人均用电量	地均 GDP
权重	0.2360	0.2199	0.1643	0.1281	0.1435	0.1083

依据易损性评价模型对承灾体易损度进行计算,结合自然断点准则将杭州市潜在易损性划分为 5 个等级,即低易损区、较低易损区、中等易损区、较高易损区、高易损区,如图 6.33。

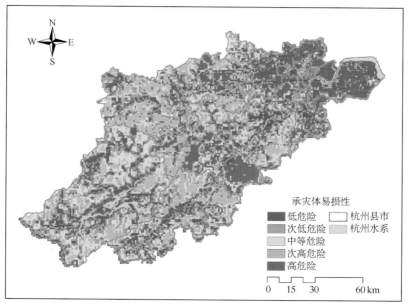

图 6.33　低温积雪灾害承灾体综合区划

具有人口密度大、工业建筑用地集中、道路密度大、用电量大等因素共同影响的余杭区大部、萧山区中南部、城区大部、临安东部、桐庐县南部和西北部等均属极易损地区;千岛湖周边、山区丘陵地带等也具备中等强度以上的易损性;而千岛湖、富春江等主要水体、河谷地带等承受低温积雪灾害影响能力较大、易损性较低。

6.7　抗灾减灾能力分析

就杭州市对低温积雪天气的抗灾能力而言,研究仅选择能反映防灾救灾能力特征的指标作为评价因子,比如各县市农民人均收入、乡镇财政收入、医疗及工伤保险参保人数、医院病床位数、医疗救护人员数，以及对医疗卫生和农林水利上的财政投入。综合各种影响因子得到杭州市抗灾减灾能力综合分析，图6.34。

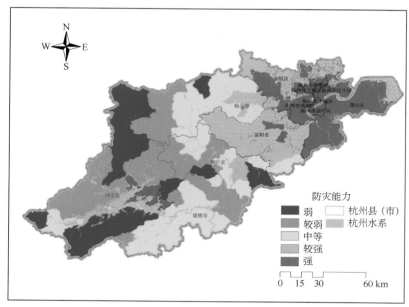

图6.34　低温积雪灾害防灾减灾能力综合区划

　　西湖区大部、上城区、拱墅区以及滨江区是杭州市的中心地区，政府及各种医疗单位多位于此地，是抗灾能力强的地区；江干区、下城区、淳安县城区、余杭区和萧山区大部则属于抗灾能力中等和较强的地区。

6.8　低温积雪灾害综合风险区划

　　综合影响杭州市低温积雪灾害的致灾因子、孕灾环境、承载体及防灾能力，并运用已建立的GIS模糊综合评价模型将低温积雪灾害风险划分为低风险、次低风险、中等风险、次高风险及高风险五个等级，实现对杭州市低温积雪灾害风险的综合区划。

　　(1)确定区划指标的权重向量

　　杭州市低温积雪灾害风险评价指标体系的权重如表6.6。

表6.6　低温积雪灾害综合风险区划评价指标权重

准则层	权重	评价层	权重
致灾因子	0.3013	低温积雪灾害危险性指数	0.3013
孕灾环境	0.2658	高程	0.1342
		地形起伏度	0.0932
		河网密度	0.0384

（续表）

准则层	权重	评价层	权重
承灾体	0.2983	人口密度	0.0704
		道路密度	0.0656
		农业用地比重	0.0490
		森林覆盖度	0.0382
		人均用电量	0.0428
		地均 GDP	0.0323
		财政收入	0.0412
		农民人均收入	0.0325
防灾能力	0.1881	医疗工伤参保人数	0.0284
		医护水平	0.0455
		基础设施投入	0.0406

（2）结果向量处理

依据模糊数学即可估计模糊价值分类，获取杭州市低温积雪灾害风险区划等级，如图 6.35。

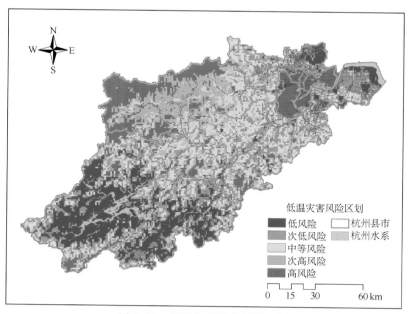

图 6.35　低温灾害综合风险区划

低温灾害大多发生在海拔较高地区。东部平原和沿富春江、分水江、以及千岛湖湖区发生低温灾害的风险较小，西北部的天目山、百丈岭、中西部的昱岭、西南部的白际山、千里岗，中部的羡山以及东南部的龙门山都是低温灾害的高风险区域。

临安境内大部分区域都处于低温灾害的次高到高风险等级。东北部临安市城区和青山湖附近处于低温灾害中等风险区域;天目山和昱岭之间的河谷地区处于次高风险区域;而天目山系、昱岭和横山北面由于海拔较高,处于低温灾害高风险区域。建德西南部丘陵地区和开阔的河谷平原地区发生低温灾害的风险较小,越往西北山区扩展,昱岭余脉、龙门山系和千里岗余脉地区低温灾害风险性越高。由于北部山系昱岭余脉,山体连绵,重峦叠嶂,海拔 500 m 以上,而东北部山区范围广,系龙门山系余脉,海拔 250 m 至 500 m,南部山区系千里岗余脉,海拔 250 m 至 500 m,因此北部、东北部山为低温灾害的高发区域。低丘分布于低山、高丘外围、盆地四周或错落于沿江平原和盆地之中,也存在着一定的低温灾害风险。淳安县北有昱岭,西南有白际山,东南有千里岗山脉,地形起伏多变海拔较高,因此上述山区为低温灾害的高发区域。

  杭州主城区所遭受的低温冷害多为春秋季寒潮所带来的大幅度降温,以及春季出现倒春寒天气。其中春秋季寒潮带来的大幅度降温对市辖区造成的低温灾害影响较大,通常会伴有雷雨、大风、冰雹、冰粒以及霜冻现象,严重的年份还会出现降雪天气,给居民的身体健康和农业生产、茶叶种植,以及由于积雪给交通运输和建筑行业带来一定的影响。余杭区春、冬、夏季风交替,冷暖空气活动频繁;春雨连绵,风向多变,天气变化较大;冬季盛吹西北风,寒冷、干燥,如遇北方强冷空气,就出现寒潮,因此西北部低温灾害危险性较高。临安的冬季干冷,一旦有寒潮或冷空气经过,大部分地区降温十分明显,全市各乡镇都常受倒春寒和低温寒潮的灾害性影响。因此,临安大部,尤其是东南、西南、西北的丘陵山区,是低温灾害危险性较高的区域。从气象基准站的统计数据中可以看出,临安站的低温日数和极端低温基本位于 7 站首位。尤其是西北的大峡谷,西南的清凉峰以及东南的昱岭都曾出现过较多的低温日数以及较低的极端低温。临安的山区种有大面积核桃树、毛竹、茶树等经济作物,因此较高的低温灾害危险性常造成严重的经济损失。由于余杭区西北部,临安大部均有着较高的低温灾害危险性分布,因此需要重点防御。从历史灾情上看,萧山区曾遭受严重的倒春寒和寒潮低温灾害。其中,2008年 3 月受春季寒潮影响,全区出现大雪,伴有冰雹,雷电等强对流天气,降温幅度大,极端低温低,致使林业受损严重,直接经济损失 4000 余万元;2006 年 4 月份的倒春寒带来的强降温、春季低温以及明显的降水天气对于农作物、设施农业以及正处于花期的果树等有较大的影响,大面积的农作物受冻、受淹,大棚被吹倒。因此,除了加强主城区的低温灾害防御,还要针对西湖西部山林和萧山区农业的分布状况,制定相应的防御措施提高林地和农作物的防寒能力,保护农林业生产。而西部山区的低温灾害多发生在丘陵山地,对农业生产、春花及其他经济作物的生长都造成不同程度的严重影响;大雪封山,公路结冰,连续好几天公路交通中断,交通线路阻滞;乡镇的供电线路和供水管道遭到破坏,电力通讯以及居民用水都受到严重影响。

  杭州市积雪灾害(图 6.36)较之低温灾害有些许差异,其对人类活动影响更为直接,几毫米小雪即可导致城市交通阻塞,严重威胁人民生命安全。一方面,杭州市辖区及萧山区、余杭区道路密布,构成重要的交通枢纽。该区河网密布,对于积雪消融有一定加速作用,但该过程需要历经一个时间段,并且融雪过程极易形成道路结冰,进一步威胁行路安全。另一方面,该区发达的工业、农业也面临严峻挑战。简易厂房屋顶、水产和蔬菜塑料大棚等承受积雪能力较弱,一定量的积雪极易导致变形、坍塌,造成人员财产损失。尽管该区经济发达,用于积雪灾害防御的投入较大,但目前应对城市积雪手段时效仍十分有限,因此杭州市辖区及周边积雪灾害为全市最高等级之一。

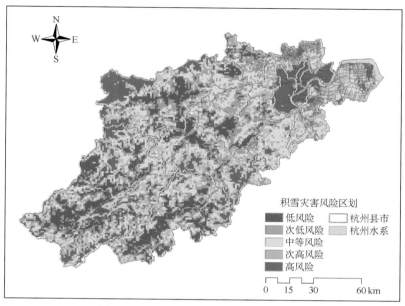

图 6.36 杭州市积雪灾害综合风险区划

杭州中西部县市受积雪灾害影响较杭州市辖区相对不显著,但不乏积雪灾害重灾区。森林或经济作物种植等首当其冲。积雪天气常造成大批树木、毛竹断折,蔬菜、草莓、柑橘等受损。1998 年 1 月 22—23 日暴雪天气,使建德市农林作物(草莓、毛竹、树木柑桔)等受灾 4 千 hm²,成灾 3 千 hm²,绝收 1 千 hm²,损失巨大。该区道路较多在丘陵山地穿行,其除受积雪影响,极有可能出现的雪崩以及融雪导致的山体滑坡也具备重大威胁。同样受丘陵山地影响,架设其间的高压电线、通讯线路更是遭受巨大威胁,而且抢修极为不便。受积雪灾害影响较大的另一方面是该区布置较广的林地、经济作物等。总体而言,桐庐县中西部和南部、临安市北部及西北部山区以及淳安西北部和东南部区域是该区积雪灾害重灾区,需重点防范。

杭州市低温积雪灾害综合风险区划如图 6.37 所示。低温积雪灾害集中了低温灾害和积雪灾害信息,两者的共同点是杭州市辖区及周边始终是灾害高风险区域。该区是人员活动最为密集频繁区域,无论低温灾害还是积雪灾害并无特别有效防御或应对措施,对该区的特别重视与防范十分必要。杭州市中西部低温积雪灾害高风险区域多集中在高山丘陵及坡地等森林覆盖度较高、经济作物种植较集中区域。该区低温积雪灾害风险由东至西逐渐增高,淳安县、桐庐县和临安市受低温积雪灾害影响较大,包括主要交通线路、主要农业种植区、经济作物种植区等。其中,临安市或因北部西北部山脉影响,全境基本处于低温积雪灾害的较高风险水平。西南部建德市、淳安县除重要的交通线路,总体受低温积雪灾害影响相对较小,或因千岛湖较大的水体调节作用相关。总体而言,该区低温积雪灾害风险分布有较大差异,应该基于区域低温积雪灾害风险分布,提出不同的防御对策,从而为杭州市低温积雪灾害防灾减灾规划提供科学依据。

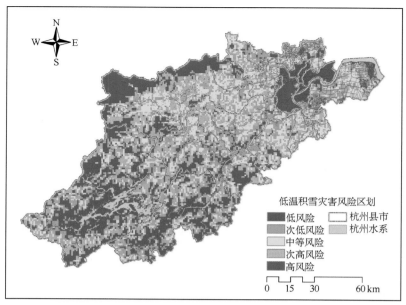

图 6.37 杭州市低温积雪灾害综合风险区划

第7章 杭州市雾霾灾害风险区划

雾是杭州湾地区经常出现的一种重要的天气现象。杭州地区以平流雾和辐射雾为主:平流雾是暖而湿的空气经冷的下垫面逐渐冷却而形成的,因杭州位于东海之滨杭州湾旁,在有利的环流形势下,海上较暖而潮湿的暖空气极易沿着钱塘江通道向杭州上空输送,造成杭州市的平流雾;辐射雾则是由于辐射冷却作用使近地面层水汽凝结(或凝华)而形成的,且杭州市辐射大雾一般都在低云量小于或等于3、风速小于或等于4.0 m/s、温度露点差小于等于6.0 ℃的天气条件下形成的。雾影响飞机起降、汽车和火车行驶、船舶航行,使交通受阻,甚至导致交通事故。此外,雾不利于空气污染物的排除,加重城市和工业区的空气污染。

霾是由烟尘、粉尘等颗粒物在特定湿度、温度下与大气组成的气溶胶系统。颗粒物粒径主要分布在0—10 μm 之间,其来源有风沙尘土、火山爆发、森林火灾等自然原因,也有工业排放、建筑工程、垃圾焚烧,生活废气以及汽车尾气等人为原因。霾对环境及人类健康的影响日益严重,人群流行病学研究资料表明,大气污染,特别是可吸入颗粒物、二氧化硫、二氧化氮和臭氧对人群健康确有不良影响,即使在较低的污染水平,短期暴露和长期存在都会造成不良健康效应。近年来,随着杭州市向现代化和国际化迈进,城市霾天气出现越来越频繁,引起公众和各级政府的关注。

7.1 资料来源

研究使用资料包括杭州市国家气象观测站资料、MODIS(Moderate-resolution Imaging Spectroradiometer)L1B 数据(MOD02)和 MODIS(Moderate-resolution Imaging Spectroradiometer)气溶胶产品数据(MOD04_L2)。

7.2 雾霾天气基本特征

7.2.1 雾霾日数年际变化特征

(1)雾日数年际变化

如图 7.1,统计 1966—2010 年杭州市各气象站逐年雾日,年均雾日 30.34 d,先增加后减少,20 世纪 80 年代前雾日数整体呈现增加态势,最大增幅达到 40~50 个雾日,80 年代后雾日数逐年减少,最大减幅达到 70 个雾日。

(2)霾日数年际变化

《地面气象观测规范》中"大量极细微的干尘粒等均匀地浮游在空中,使水平能见度小于10.0 km 的空气普遍浑浊现象"为"霾"天气。霾是由烟尘、粉尘等颗粒物在特定湿度、温度下与大气组成的气溶胶系统。颗粒物粒径主要在 0~10 μm 之间分布,其来源有风沙尘土、火山爆发、森林火灾等自然原因,也有工业排放、建筑工程、垃圾焚烧,生活废气以及汽车尾气等人为原因。

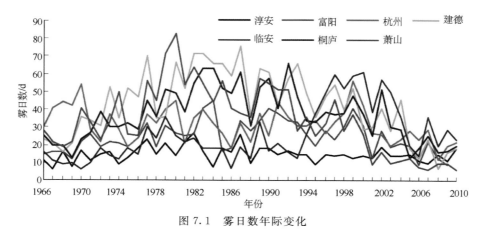

图 7.1　雾日数年际变化

如图 7.2,统计 1966—2010 年杭州市国家气象观测站逐年霾日,年均霾日数 13.6 d,且逐年增加,20 世纪 90 年代之后增加幅度明显,特别是 2001 年之后增加幅度显著。1966—1999 年间,杭州市区和富阳年霾日数较多。其中,杭州市 1981—1985 年间霾日较多,1982 年多达 36 d;富阳 1985—1999 年间霾日较多,1996 年霾总日数就高达 93 d。

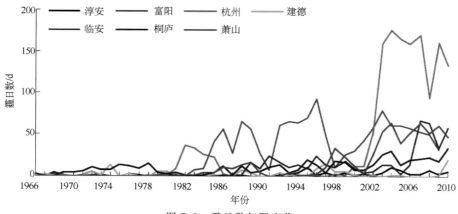

图 7.2　霾日数年际变化

2000 年以来,杭州市除建德站外各气象站年霾日数继续呈现增加态势。杭州站年霾日数平均增幅最大,达 18 个霾日,特别是 2003 年开始杭州市区年霾日数突破 100 d,其中 2004 年以后迅速增加,这与该区城市发展状况尤其是社会汽车数量的增加有密切关系。杭州城区西北部临安站,年霾日数在 2000—2005 年时间段内增幅不明显,2006 年开始有激增过程,由年 18 个霾日增加至年 62 个霾日。

7.2.2　最长连续雾霾日数年际变化特征

(1)最长连续雾日数年际变化

用于判定研究区受雾影响程度的最佳"指示剂"是能见度,但单一能见度好坏而不考虑雾天气持续时间长短并不能体现雾天气对人类活动的实际影响,因此仍以当年最长连续雾日数作为受雾影响程度。事实上连续雾天气会诱发各种安全问题,包括长时间的交通不便、疾病等,故统计杭州市近 45 a 的逐年最长连续雾日数意义重大。

图 7.3 为杭州市年最长连续雾日数年际变化特征图,45 a 间杭州市年均最长连续雾日数 4.1 d,雾天持续最久时间段出现在建德站,分别为 1983 年 11 月 24 日至 1983 年 12 月 10 日以及 1987 年 12 月 16 日至 1987 年 12 月 29 日,持续时间长达 14 d。

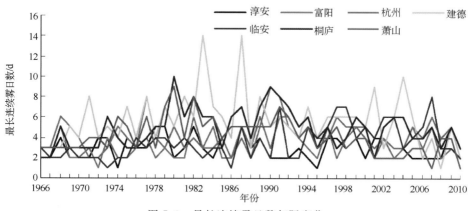

图 7.3　最长连续雾日数年际变化

（2）最长连续霾日数年际变化

连续霾天气会诱发各种安全问题,包括能见度降低导致的交通事故、人体吸入附着病菌的微小颗粒物诱发呼吸道疾病等,以当年的最长连续霾日数作为受霾天气影响程度。

根据 1966—2010 年杭州市各国家气象观测站霾天气记录数据得到杭州市逐年最长连续霾日数年际变化特征,如图 7.4 所示。

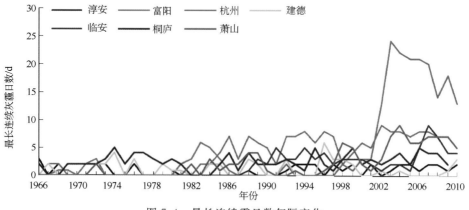

图 7.4　最长连续霾日数年际变化

45 a 间杭州市年均最长连续霾日数 2.3 d,以 2000 年为界,前 34 a 即 1966—1999 年年均最长连续霾日数 1.5 d,而近 10 a 来年均最长连续霾日数则为 5.2 d,是前 34 a 的 3.6 倍。杭州各站中最长连续霾日数增加最为迅速的当属杭州市区,2001 年最长连续霾 3 d,2003 年 10 月 15 日至 2003 年 11 月 7 日则出现了长达 24 d 的连续霾天气。

7.2.3 雾霾日数月际变化特征

(1)雾日数月际变化

图7.5是杭州市逐月雾日数变化曲线。

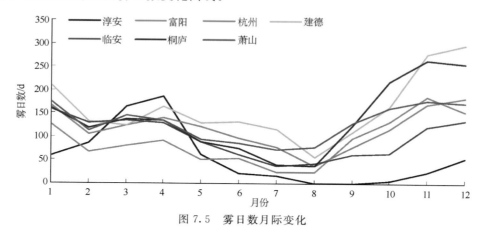

图7.5 雾日数月际变化

杭州市7站逐月雾日数曲线走线态势基本一致,峰值出现在每年的3月到4月和11月到12月,极大峰值出现在冬季,次峰值出现在春季,最低谷值则出现在夏季,表明杭州市冬季最易出现雾天气,其次是在春季,而夏季出现雾天气的频率较低。

(2)霾日数月际变化

图7.6是杭州市逐月霾日数变化曲线。表明杭州市各站逐月霾日数曲线走线态势基本一致,峰值出现在每年的1月和12月,3月、4月、5月、8月、9月、10月、11月霾日数也处于一个相对高位,表明杭州市冬季最易出现霾天气,而全年来看,除6、7两月霾天气较少出现,其余各月均有相对较多的霾天气出现。各气象站逐月霾日数曲线差异还表明了"杭州市霾天气出现频率是东北部高,西南部低",萧山站、临安站逐月霾日数曲线始终处在较高位置,淳安站、建德站则一直稳居最底端,东西部气象站记录的45 a逐月霾日数累积差值最大可达50~60个霾日。

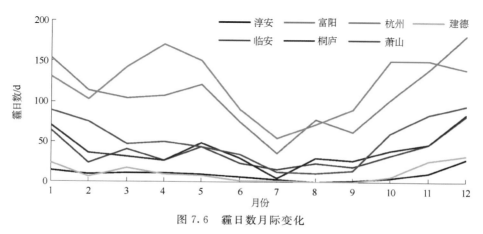

图7.6 霾日数月际变化

7.2.4　不同等级雾霾年际变化特征

雾与霾的区分以及不同等级的雾霾发布是现代城市气象环境预报需要解决的重要内容之一。以往根据相对湿度区分雾霾标准普遍偏低，应根据影响天气系统的变化尽可能多地结合相关判据来确定。大气中 $0.1\ \mu m$ 以下的水溶性粒子主要由 $(NH_4)_2SO_4$ 等组成，大于 $1\ \mu m$ 的粒子主要由 $NaCl$ 等组成。这些物质的相对湿度大都在 80% 左右。建议将相对湿度小于 80% 时的大气混浊视野模糊导致的能见度恶化的天气现象确定为霾，相对湿度大于 90% 时的大气混浊视野模糊导致的能见度恶化确定为雾，相对湿度介于 $80\%\sim90\%$ 之间时的大气混浊视野模糊导致的能见度恶化是霾和雾的混合物共同造成的，但其主要成分应该是霾。研究利用杭州市气象站相对湿度和能见度资料，结合《地面气象观测规范》与警报分级建议如图 7.7 所示。

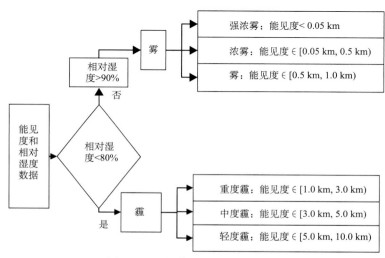

图 7.7　不同等级雾霾指数与警报

（1）不同等级雾年际变化

1966—2010 年杭州市 08 时不同等级雾天气分布如图 7.8 所示。可见 1966 年以来雾、浓雾及强浓雾的年次数总体呈增多趋势，1990 年代达到最大值，但近年又略有下降，08 时雾和浓雾的年频次最高值基本在 20 次左右，雾的年均最大值略低，其最大值为 22 次，出现在建德站 1989 年、1993 年和 1999 年；浓雾年最大值为 28 次，也出现在建德站分别是 1987、1990、1996和 2004 年；强浓雾的年最大值出现在建德站 1981 年 27 次。

1966—2010 年杭州市 14 时不同等级雾天气分布如图 7.9 所示。各站 14 时不同等级雾的年际变化曲线走势不一。14 时的雾、浓雾及强浓雾相对于 08 时的雾年次数明显减少。但与 08 时相同，1966 年往后雾、浓雾的年次数基本呈上升趋势，90 年代达到最大值，近年又略有下降趋势，且每条曲线都震荡剧烈。雾的年最大值出现在临安站 1995 年 5 次，浓雾年最大值也出现在临安站 2002 年 4 次，强浓雾年最大值仅在临安站 1996 年、2000 年、2003 年和建德站1997 年各出现 1 次。

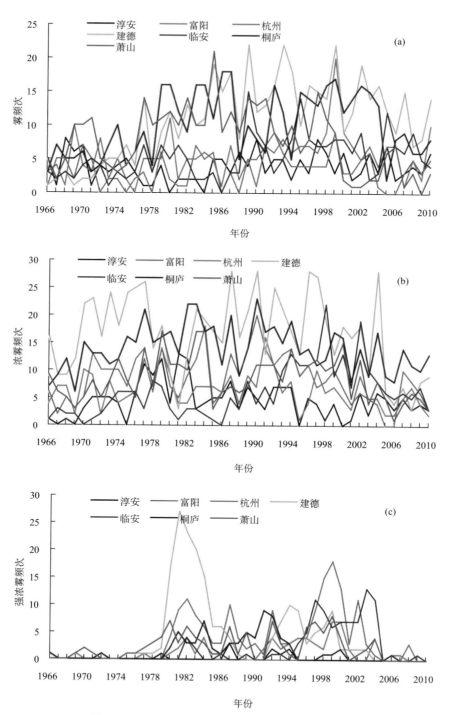

图 7.8　1966—2010 年 08 时不同等级雾分布特征

（a）雾频次；（b）浓雾频次；（c）强浓雾频次

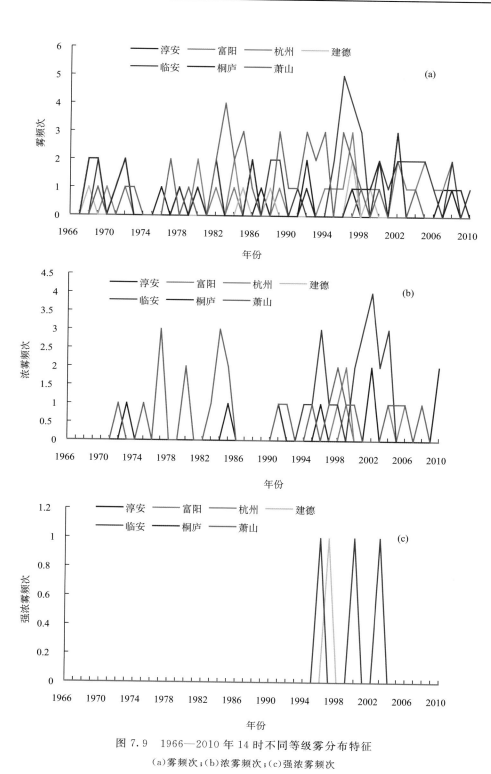

图 7.9　1966—2010 年 14 时不同等级雾分布特征

（a）雾频次；（b）浓雾频次；（c）强浓雾频次

1966—2010 年杭州市 20 时不同等级雾天气分布如图 7.10。各站 20 时不同等级雾的年际变化曲线走势不一。20 时的雾、浓雾及强浓雾年次数相对较少，略多于 14 时雾天气次数。雾日数年最大值出现在临安站为 1998 年 6 次，浓雾日数年最大值出现在临安站 1999 年 12 次，强浓雾日数年最大值出现在临安站 2003 年 5 次。

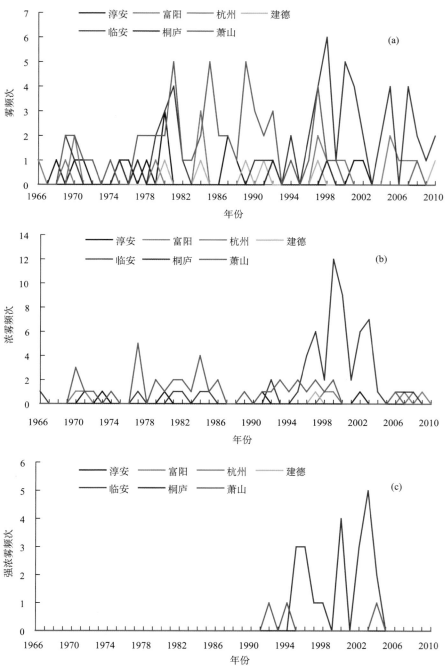

图 7.10 1966—2010 年 20 时不同等级雾分布特征

(a)雾频次；(b)浓雾频次；(c)强浓雾频次

（2）不同等级霾年际变化

1966—2010 年杭州市 08 时不同等级霾年际分布如图 7.11 所示。

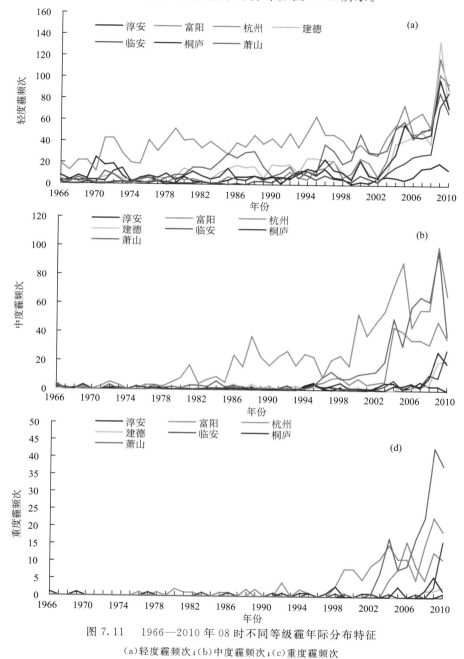

图 7.11　1966—2010 年 08 时不同等级霾年际分布特征

（a）轻度霾频次；（b）中度霾频次；（c）重度霾频次

杭州市各站 08 时不同等级的霾震荡剧烈。总体来说,霾的年次数随等级轻度、中度和重度的顺序逐渐减小。各站点 08 时不同等级的霾年际变化曲线均呈震荡上升趋势,并且 2000年以前各站 08 时轻度霾日数增幅较小,相对稳定,2000 年之后显著增多。同时,2000 年以前次数很少的中度霾及重度霾呈剧烈震荡增多态势。可见该时段杭州各地霾灾害等级均在增高。杭州市霾天数普遍高于其他地区,临近杭州的富阳与萧山地区近些年来,在中度和重度等级的霾灾害较多。

1966—2010 年杭州市 14 时不同等级霾年际分布如图 7.12 所示。杭州市各站 14 时不同等级的霾震荡剧烈,由图 7.12,霾的年次数随等级轻度、中度和重度的顺序逐渐减小,各站基本呈震荡上升趋势。杭州站记录到的霾次数曲线震荡上升幅度较剧烈,其余各站除去在轻度霾次数上,其余等级霾灾害震荡上升幅度相对较平缓,临近杭州站的富阳站与萧山站仍然在中度及重度霾次数上升记录上紧随杭州站,且杭州市霾天数普遍高于其他地区。

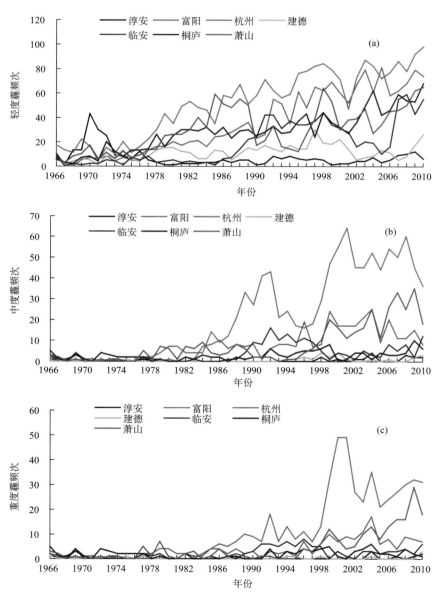

图 7.12　1966—2010 年 14 时不同等级霾年际分布特征

(a)轻度霾频次;(b)中度霾频次;(c)重度霾频次

1966—2010 年杭州市 20 时不同等级霾天气分布如图 7.13。杭州市各站 20 时不同等级的霾震荡剧烈。由图 7.13,霾的年次数随等级轻度、中度和重度的顺序逐渐减小。同 14 时霾曲线一样,各站基本都呈震荡上升趋势,杭州站记录到的霾次数曲线震荡上升幅度较剧烈。从各张图的霾天数多少可以看出,同 8 时、14 时霾次数曲线类似,杭州市霾天数普遍高于其他地区。

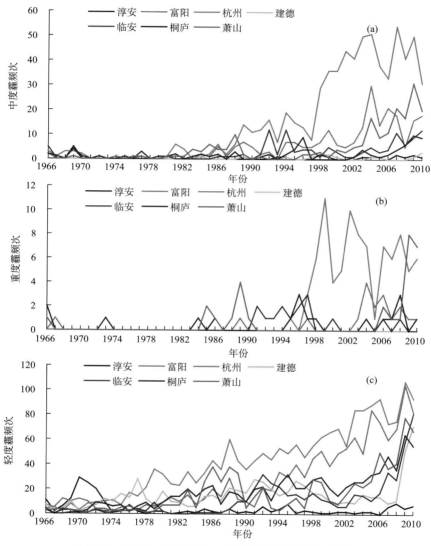

图 7.13　1966—2010 年 20 时不同等级霾年际分布特征

(a)轻度霾频次;(b)中度霾频次;(c)重度霾频次

7.3　雾霾致灾因子危险性评价

7.3.1　雾霾致灾因子分析

（1）雾灾害致灾因子

雾天气出现概率反映了遭受雾灾的潜在可能性问题,常规气象站点观测资料虽然时间序列比较长,但杭州全市仅有七个站点数据可用,显然不能准确实现研究区雾概率空间分布信息获取。遥感数据在一定程度上解决了以上问题。根据气象站雾日资料,检索使用 MODIS L1B数据进行杭州市雾区以及雾天气出现概率空间分布信息提取。

雾区提取主要应用 MODIS L1B 资料的 Band 1,4,6,20,31 数据进行,执行流程如图 7.14。

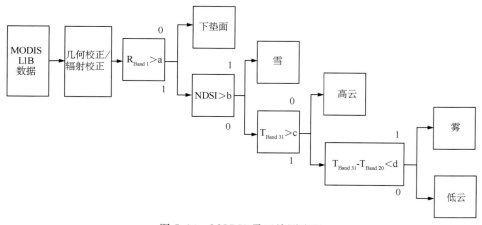

图 7.14 MODIS 雾区检测流程

在可见光波段,中高云有高反射率,雾区次之,下垫面的反射率最小,通过设定 Band 1 阈值分离云雾和植被、水体等下垫面。

由于雾接近地面,虽伴随着雾的存在常有逆温层出现,但雾区顶部经过辐射有一定的降温,所以雾顶温度与地面温度接近,仍比其他云顶温度相对要高。Band 31 的亮温主要反映了地物和云雾自身的热辐射:中高云区的亮温最低,一般在 270 K 以下;雾区与下垫面的亮温均在 270 K 以上。利用 Band 31 分离亮温较低的中高云。

低层云和雾的亮温差异不明显,利用阈值很难将其区分,这也是云雾分离检测的难点。因为雾在 3.7 μm(Band 20)处的反射辐射要比有着更大云粒子的水云或冰相云大,所以雾在11 μm(Band 31)和 3.7 μm 之间的亮温差($T_{Band 31} - T_{Band 20}$)比其他云类表面都要小。可采用中红外和热红外波段的组合方法,根据两波段的亮温差进行雾检测,即($T_{Band 31} - T_{Band 20}$)。雾区和低云区在两通道的亮温差有一定范围的重合,但小于一定阈值时,雾区和低云的分离较好,因此可设定两通道的亮温差阈值,分离雾和低云。

遥感影像完成雾区提取后,经配准叠加计算杭州市雾概率空间分布,如图 7.15。杭州市雾天气多是集中在东部地区,富春江沿江平原、渌渚江和分水江流域、新安江流域以及寿昌盆地,大部山地、丘陵地区为低雾频率区域。杭州市雾频率这样的空间分布主要成因应当来自两个方面,一是毗邻东海,二是特殊地形结构。

杭州东部属于浙北平原,西部为丘陵、山地,又处杭州湾地区,水汽充沛。春季,这里气旋活动频繁,暖湿空气活跃,易生成平流雾;冬季,则因西北、西南群山阻挡,部分地区地势相对较高,极易形成辐射雾。富春江沿江平原、渌渚江和分水江流域、新安江流域多雾天气,主要原因在于靠近水源,水汽比较充沛,加上处于河谷这样的特殊地形当中,热量条件优越。富春江沿江平原多雾的另一个重要原因是在一定天气系统配合下,海洋的暖湿气流侵入杭州湾后能够一直沿富春江河谷走廊奔袭相当长的一段。雾天气还会比较频繁地出现在杭州市的西南角、寿昌盆地一带,因为该地区三面环山,自身地势也比较高,可能导致辐射雾活动频繁。

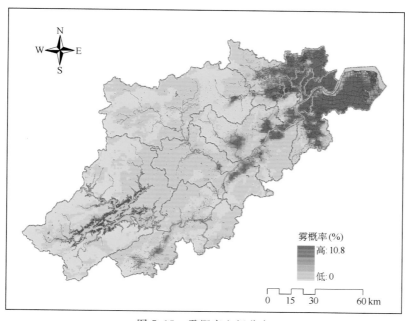

图 7.15　雾概率空间分布

(2)霾灾害致灾因子

1)气溶胶光学厚度空间分布

霾天气的本质是细粒子气溶胶污染,这种污染主要体现在两个方面,一是削弱能见度,二是细粒子气溶胶易吸附化学污染物、病菌等,被吸入人体内将产生严重后果。能见度与粒子的散射、吸收能力和气体分子的散射、吸收能力有关,主要是与大气粒子的散射能力密切相关。若简单地将细粒子按瑞利散射来处理,那么散射光强主要与入射光波长的 4 次方成反比,与粒子体积的 2 次方成正比,而粒子体积与粒子的尺度和浓度有直接关系。若入射光波长确定,忽略气体和粒子化学成分的影响,影响散射光强的因子即粒子尺度和浓度。研究分析华南能见度较好时的气溶胶谱资料时发现,细粒子浓度增加会大大削弱能见度。此外,珠江三角洲可吸入颗粒物 PM_{10} 和 $PM_{2.5}$ 质量浓度的实际观测也表明,细粒子是气溶胶污染的重要组成部分。研究中根据气象站霾日资料,检索使用 MODIS 气溶胶产品数据实现杭州市平均气溶胶光学厚度空间分布信息提取,如图 7.16。

杭州市平均气溶胶光学厚度空间分布信息是杭州市全境范围内气溶胶粒子对太阳辐射削弱能力的体现,反映了多年来杭州市气溶胶粒子在水平空间分布的平均状态。气溶胶光学厚度高值部分主要集中在杭州市东北部河网平原和滨海平原、寿昌盆地、富春江沿江平原、千岛湖区等河谷地带,表明该处气溶胶浓度相对较高,较易发生气溶胶污染事件,出现霾天气。杭州市东北部河网平原和滨海平原地区人类活动频繁,工业粉尘、烟尘、其他化学物质逸散严重,下垫面植被覆盖率较低极易导致扬尘,造成该区气溶胶浓度较高,大大削弱太阳辐射;千岛湖地区水汽充沛,四周环山,少量扬尘、烟尘就能形成多相混合物,造成能见度下降;富春江沿江平原两侧是丘陵或高山,与低洼平原构成一道狭长的"深渠"或"走廊",一方面这里自身水汽较充沛,城镇密集,人类活动较频繁,另一方面东部滨海平原上空大量的气溶胶粒子在一定风场配合下经常能够沿"走廊"而上,到达杭州中部地区;寿昌盆地三面环山,南部是下垫面组分较单一、裸地多、植被覆盖率低,采矿业较发达、工业粉尘较多的金衢盆地,风场环境合适情况下,这些气溶胶粒子特别容易侵入寿昌盆地至新安江、建德一带。

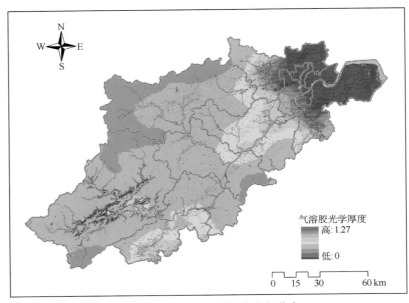

图 7.16　气溶胶光学厚度空间分布

　　海拔较高的山地基本处在低值区域,一方面因为人口密度较小,人类干扰较少,一方面这些山地被高密度森林覆盖,扬尘现象极少,加上高海拔地区风速较大,即便生成气溶胶粒子,也很快被稀释、吹散。

　　2)霾概率空间分布

　　霾概率是研究区遭受霾灾害的潜在可能性体现。遥感数据在一定程度上解决了研究区霾概率空间化的问题。研究同样使用 MODIS 气溶胶产品数据实现杭州市霾概率空间分布信息提取。依据霾天气中大气成分 AOT(气溶胶光学厚度)大于等于 0.6 这一指标对遥感影像进行潜在霾区(这种大气成分指标现只作为霾天气预警参考,并非判别主要依据,故此称作潜在霾区)提取,之后将新提取的潜在霾区域影像经配准叠加计算杭州市霾概率空间分布,如图7.17 所示。

　　杭州市霾概率空间分布总体态势与多年平均气溶胶光学厚度空间分布态势类似,总体分布特征——东高频、中—西低频,形成因素主要来自两个方面,一是自然因素,二是社会因素。杭州市以低山丘陵为主,中西部地区植被覆盖率较高,东部平原地区受人为影响较大,以人工地物为主、植被覆盖率低,在湿度、风速等条件适宜情况下,极易产生大面积扬尘,加上杭州城

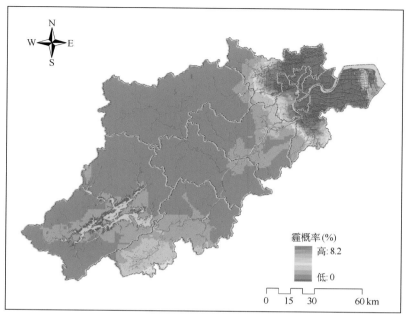

图 7.17　霾概率空间分布

区三面环山,向东开口,夏季盛行西南风,冬季盛行西北风,这种地形与盛行风向配置不利于烟尘等污染物向外扩散。此外,考虑到杭州城区扩张速度较快,城市下垫面粗糙度较大,水平静风增加,配合垂直方向较强的逆温作用,市区污染物质也容易聚积在城市冠层内部,较少向外扩散。值得注意的是萧山区最东段的低概率与杭州城区的高概率对比明显,主要的原因可能在于两地地形与风场配置的较大差异:萧山区东段空间上远离杭州城区西侧丘陵地带,毗邻东海,下垫面粗糙度相对较小,风速较大,气溶胶粒子较易被吹散,气溶胶光学厚度较小。

　　杭州市霾天气频现、空气质量下降,除了杭州市自然因素作用,还有来自工业发展、不合理的能源消费结构、城市现代化要求等社会性压力。杭州市一次能源消费结构以煤炭为主,造成含硫气体和粉尘大量释放,对杭州市环境造成了极大的压力。城市车辆的高速增长,一方面显著增加了氮氧化合物排放源数量,另一方面还导致城区机动车整体时速降低,增加氮氧化合物释放时间,加上这些新增的可移动污染源基本穿行在街谷、巷道等城市最"深"处,最终形成的污染对城市而言是"全面、立体的"。当然,应城市现代化要求,城市建设步伐时刻没有减缓,但公路、地铁、工业园区和社区楼盘粗放施工造成的建筑尘,泥土开挖、建材原料露天堆放产生的堆放尘,以及水泥、陶瓷等建材生产企业排放尘,都是大气霾颗粒物的重要来源。

7.3.2　雾霾灾害危险度区划

　　依据自然断点法将杭州市雾概率空间分布数据进行分级可得杭州市雾灾危险度区划,如图 7.18 所示。

　　杭州市雾天气高危险区在东部地区,如萧山的大部分地区、余杭的中东部、富春江沿江平原、渌渚江和分水江流域、新安江流域以及建德寿昌盆地。

　　次高危险区位于余杭的黄湖镇、径山镇一带;临安马啸、大峡谷镇以及建德的大慈岩镇一

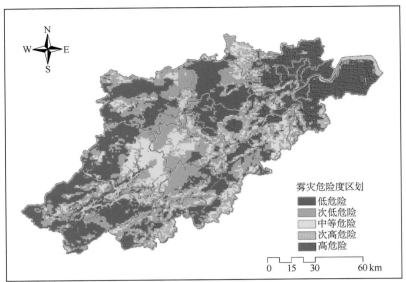

图 7.18　雾灾危险度区划

带以及富阳进口镇一带。中等危险区位于淳安千岛湖北侧屏门、光昌一带，建德龙门山一带以及在余杭瓶窑镇一带，大部分山地、丘陵地区为低雾频率区域，如临安的中西部、淳安的南部。

　　将杭州市气溶胶光学厚度和霾概率空间分布数据进行叠合可以得到杭州市霾灾害危险度区划，如图 7.19。

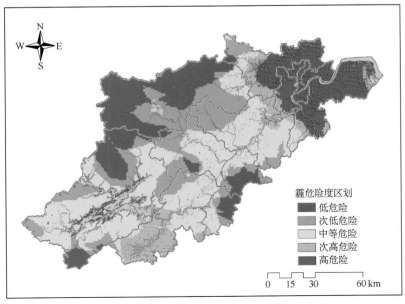

图 7.19　霾灾害危险度区划

　　杭州市霾天气多集中在东部地区，富春江沿江平原以及寿昌盆地也是霾天气出现频率较高区域，大部山地、丘陵地区为低霾频率区域。

　　杭州市辖区、萧山区以及余杭区是杭州全市霾灾害危险度最高区域，特别是 2000 年后随着杭州市区及周边工业发展、人口增加、城市化进程速率不断加快,以煤炭为主的一次性能源消费造成含硫气体和粉尘大量排放,以城市车辆为代表的移动排放源进一步恶化城区大气环境,该区霾灾害危险度进一步加深。富阳市东部也处于较高的霾灾害危险中,因该区临近杭州市辖区,加之该区喇叭口较大的风速推力,使得杭州城区悬浮的大量气溶胶粒子沿富春江河谷向富阳、桐庐方向扩散。建德市西南部寿昌盆地,三面环山,南临金衢盆地,该处下垫面组分较单一、裸地多、植被覆盖率低,采矿业较发达、工业粉尘较多,风场环境合适情况下,这些气溶胶粒子特别容易侵入寿昌盆地至新安江、建德一带。

杭州市雾灾害危险度与霾灾害危险度进一步叠合可以获取该区雾霾灾害的危险度状况,如图 7.20。

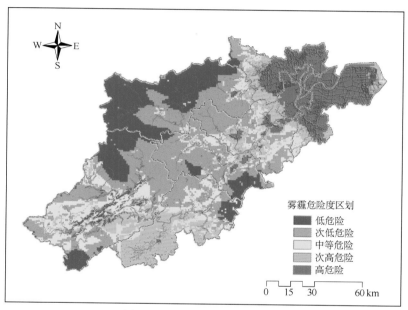

图 7.20　雾霾灾害危险度区划

由雾霾危险度图可见:杭州市雾霾高危险区位于杭州市城区、萧山市、余杭的中东部、一直到富阳的进化镇。

次高危险区位于富阳的高桥镇一带,建德南部大部分地区和淳安千里岗一带。

中等危险区:淳安的西南部的分口镇、郭村、宋村、中州镇一带;建德的莲花镇、下涯镇和梅城镇一带。

次高和低危险区:杭州的中西部临安的大部分地区、以及桐庐大部分地区。

7.3.3　雾霾灾害重现期

(1)雾灾害指标

根据杭州市各气象站 1966—2010 年雾日资料提取出各站逐年的最长连续雾日数,结合 EasyFit 进行单站分析获取概率分布模型。以最长连续雾日数表征杭州市受雾天气影响的严重程度,依据选定的概率分布函数计算得出的各气象站最长连续雾日数重现期就间接反映了杭州市遭受不同等级雾灾的潜在可能性。杭州市最长连续雾日数指标如图 7.21。

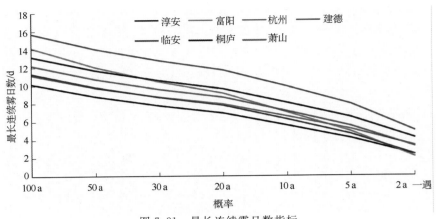

图 7.21　最长连续雾日数指标

杭州市各气象站最长连续雾日数随时间增加,也即重现期值越大,相应的各气象站最长连续雾日数越多。特别明显的是雾日数最多的建德站,各重现期对应的最长连续雾日数均多于其余各气象站,表明该区遭受严重雾灾影响的可能性比较大,其 10 a 一遇最长连续雾日数可达 9.9 d,50 a 一遇最长连续雾日数则达 14.0 d;富阳站 20 a 至 100 a 一遇最长连续雾日数较 2 a 至 10 a 一遇有显著跃升,其中 10 a 一遇最长连续雾日数为 7.0 d,50 a 一遇最长连续雾日数达 12.0 d;杭州、萧山、临安、桐庐和淳安 10 a 一遇最长连续雾日数则为 5.6 至 8.1 d,50 a 一遇最长连续雾日数为 8.8 至 11.7 d。

(2)霾灾害指标

根据杭州市各气象站 1966—2010 年霾日资料提取出各站逐年的最长连续霾日数,获取各自概率分布模型。以最长连续霾日数表征杭州市受霾天气影响的严重程度,依据选定的概率分布函数计算得出的各站最长连续霾日数重现期就间接反映了杭州市遭受不同等级霾灾害的潜在可能性,该区最长连续霾日数指标如图 7.22。

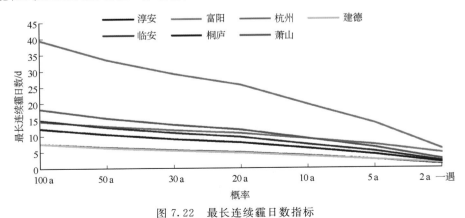

图 7.22　最长连续霾日数指标

杭州市各站最长连续霾日数随时间增长均表现为增加态势,也即重现期值越大,相应的各站最长连续霾日数越多。而且特别明显的是霾日数较少的淳安、建德站,各重现期对应的最长连续霾日数均少于其余各站,其 10 a 一遇最长连续霾日数为 3.7 d,50 a 一遇最长连续霾日数为 6.4 d,遭受严重霾灾害影响的可能性比较小。萧山站、富阳站、临安站、桐庐站遭受相近程度霾天气影响的可能性较为一致,10 a 一遇最长连续霾日数为 6.1 至 9.1 d,50 a 一遇最长连续霾日数则达 10.4 至 15.5 d。杭州遭遇严重霾灾害影响相对较大,其 10 a 一遇最长连续霾日数可达 19.7 d,50 a 一遇最长连续霾日数达 33.5 d。

7.4　雾霾灾害孕灾环境敏感性分析

雾霾天气对于不同的自然环境和人类环境,其形成的灾害影响不同,研究不同的雾霾灾害需要通过对不同的孕灾环境进行分析,根据灾害类型、致灾强度、致灾频率选择相应的孕灾环境因子,并建立合理优化的指标组合和权重,利用环境演变趋势和敏感性试验来评价其对雾霾灾害综合风险的响应关系。主要影响因素包括:地形高程、地形起伏度、河网密度、道路密度、裸地比重与工业建设用地比重。

地形海拔高度与雾霾天气的关系密不可分。杭州全市海拔高度的自西向东区域差异性和过渡性十分明显。杭州市东部地区平均海拔相对较低,一般不足 50 m,而且河网密集、湖库星罗棋布,因此发生雾霾天气危险的概率较高。杭州中部丘陵、低山地区为平均海拔 500 m 以下的第二梯度区,该地区地形复杂、地势悬殊,多低洼地、低丘盆地,雾霾天气也容易生成。最后一级海拔高度为梯度区 1000 m 以上的高地、山峰,此类高海拔山地一般雾霾天气发生概率最低。而起伏地形构成的沟垄、盆地、坡地等地形特别利于雾霾孕育,如因气块爬坡而形成坡面雾、因冷气块聚积盆地构成"冷池"而形成辐射雾、平流雾、因地势低洼使得气溶胶等无法逸散而形成霾等。

此外,雾霾灾害孕灾环境因子还考虑河网密度、道路密度、裸地比重和工业建设用地比重。其中,河网水系存在可提供充足的水汽,其表面易形成平流雾和蒸发雾;道路网密布、机动车辆密集,特别在市区尾气排放源数量增加、因堵车等造成的机动车时速降低而增加尾气排放时间,易导致霾灾形成;而车辆行驶形成的道路扬尘、裸地风吹扬灰、工业园区粗放施工形成的烟尘、轻纺企业排放粉尘等是城市大气灰霾颗粒物的重要来源。

通过对孕灾环境各影响因素的分析,并结合各种影响因子对杭州局地孕灾环境的不同贡献程度,如表 7.1。

表 7.1　孕灾环境敏感性因子权重

孕灾环境影响因子	地形高程	地形起伏度	河网密度	道路密度	裸地比重	工业建设用地比重
权重	0.2610	0.2447	0.1573	0.1004	0.1279	0.1087

将地形高程、地形起伏度、河网密度、道路密度、裸地比重与工业建设用地分布等特征信息作为叠加图层计算杭州市雾霾孕灾环境脆弱度(图 7.23)。表明杭州市雾霾灾害敏感性孕灾环境敏感性风险呈流域性分布特征。余杭区、萧山区、杭州市区、千岛湖、富春江边及其支流沿岸、以及青山水库等零星水库附近都是雾霾天气孕灾环境非常脆弱的地区,而昱岭、天目山、千里岗山系及龙门山向阳坡、迎风坡均是环境较脆弱的地区。

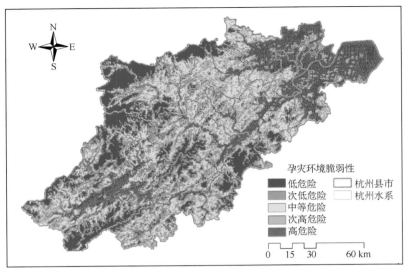

图 7.23　雾霾灾害孕灾环境综合区划图

7.5　雾霾灾害承灾体易损性分析

　　受雾霾灾害影响的主要承灾体是人畜、农业和经济作物、输电线路以及社会经济发展和物质财产等。雾霾天气主要是降低能见度,影响人们对周围事物的识别和判断能力,从而对人类社会及人类活动造成不同程度的灾害。此外,对人畜而言,雾霾天气的伤害主要来自于对人畜呼吸道的污染甚至毒害,特别是光化学烟雾、极微小颗粒物等伤害较大。雾霾天气对农业和经济作物生产也有较大影响。光照不足使蔬菜等作物不能进行正常的光合作用,植株处于长期的饥饿状态,生长缓慢,抗逆性差,湿度增大,易引发多种病虫害,影响产量及品质,而雾霾天气形成的污染物对于作物呼吸等同样构成威胁。

　　与人民生活生产密切相连的输电线路同样处于雾霾天气威胁之中。雾霾天气条件下,大气含有很多带电离子、烟尘微粒,在高压情况下,绝缘子易被击穿,导致"雾闪"发生。雾闪也称为污闪,主要是由于绝缘子太脏而造成的故障,电瓷瓶上积存污垢后,对电线表面形成腐蚀,遇到浓雾后,大气含水量较高易形成导电通道,击穿瓷瓶,闪断后造成线路中断。雾闪现象常常会造成电力机车停运、工厂停产、市民生活断电等等。而雾霾天气较大的空气湿度和较高浓度污染,对于社会经济发展和物质财产也有一定破坏作用,因此财产也是雾霾天气承灾区划中的重点考虑对象。雾霾天气持续时间相对较长、强度较大、破坏能力较强,对杭州而言,一次雾霾天气动辄就会造成万以上的经济损失,甚至过百万。况且雾霾天气期间的人类活动、救灾物资投入、以及其他灾害的延续等严重影响了社会经济发展,并给人民生命财产造成巨大的威胁。因此在雾霾天气风险易损性区划中,区域经济发展程度、社会财产的空间分布状况具有重要的指示作用。

　　根据杭州历次雾霾天气灾损类型与雾霾天气因子的关联度分析,选择能够基本反映区域灾损敏感度的人口密度、农业用地比重、居民用电量以及地均GDP因子作为易损性评价因素,并结合各影响因子对杭州雾霾灾害风险承灾环境的贡献程度,采用线性加权综合法建立易损性评价模型。雾霾灾害承灾体易损因子权重如表 7.2。

表 7.2　雾霾灾害承灾体易损因子权重

承灾环境影响因子	人口密度	农业用地比重	人均用电量	地均 GDP
权重	0.3433	0.2884	0.1929	0.1754

进一步采用线性加权综合法建立易损性评价模型,并依据该模型对承灾环境易损度进行计算,参照自然断点准则将杭州市潜在易损性划分为 5 个等级,即低易损区、较低易损区、中等易损区、较高易损区、高易损区(图 7.24)。具有人口密度大、用电量大、工农业生产相对集中等因素共同影响的余杭区大部、萧山区中东部、城区大部、临安东部、富阳市东北部以及桐庐县中部、建德市东南部均属极易损地区;富阳南部、桐庐北部、临安中部等属中等易损地区;而千岛湖周边、富阳西北部地区属不易损地区。

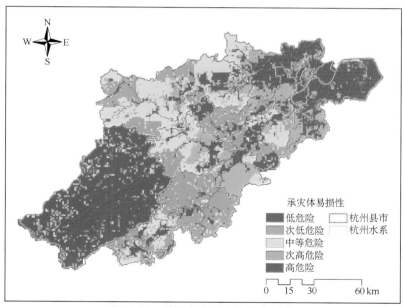

图 7.24　雾霾灾害承灾体综合区划

7.6　抗灾减灾能力分析

客观而言,雾霾灾害对承灾体的破坏机理尚不能完全掌握,加之抗灾能力的关键数据不易得到,甚至不准确、不全面,本研究尚不能进行确定的区域抗灾能力评估。因此,就杭州市对雾霾天气的抗灾能力而言,由统计年鉴中能反映防灾救灾能力特征的指标作为评价因子,比如各县市农民人均收入、乡镇财政收入、医疗及工伤保险参保人数、医院病床位数、医疗救护人员数,以及对医疗卫生和农林水利上的财政投入。综合各种影响因子得到杭州市抗灾减灾能力综合图,如图 7.25 所示。

西湖区大部、上城区、拱墅区以及滨江区是杭州市的中心地区,政府及各种医疗单位多位于此地,是抗灾能力强的地区;江干区、下城区、淳安县城区、余杭区和萧山区大部则属于抗灾

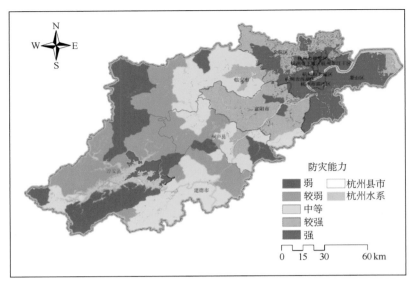

图 7.25　雾霾灾害防灾减灾能力综合区划

能力中等和较强的地区。

7.7　雾霾灾害综合风险区划

　　致灾因子、孕灾环境、承灾体及防灾能力的相互作用共同对雾霾灾害风险的时空分布、易损程度造成影响,灾害形成就是承载体不能适应或调整环境变化的结果,总之,在雾霾灾害风险评价的过程中,这四者缺一不可。综合研究影响杭州市雾霾灾害的致灾因子、孕灾环境、承载体及防灾能力,并运用已建立的 GIS 模糊综合评价模型将雾霾灾害风险划分为低风险、次低风险、中等风险、次高风险及高风险五个等级,实现对杭州市雾霾灾害风险的综合区划。杭州市雾霾灾害风险评价指标体系的权重,如表 7.3 所示。

表 7.3　雾霾灾害综合风险区划评价指标权重

准则层	权重	评价层	权重
致灾因子	0.2883	雾霾灾害危险性指数	0.2883
孕灾环境	0.2391	高程	0.0624
		地形起伏度	0.0585
		河网密度	0.0376
		道路密度	0.0240
		裸地比重	0.0306
		工业建设用地比重	0.0260
承灾体	0.2857	人口密度	0.0981
		农业用地比重	0.0824
		人均用电量	0.0551
		地均 GDP	0.0501

（续表）

准则层	权重	评价层	权重
防灾能力	0.1859	财政收入 农民人均收入 医疗工伤参保人数 医护水平 基础设施投入	

　　杭州市雾灾害综合风险区划(图 7.26)。雾灾高风险区集中于东部滨海平原、富春江沿江河谷区域,如萧山大部、杭州市区以及余杭的东部崇贤镇、运河镇和星桥街道一带、富阳东部、西部永昌镇、新登镇以及场口镇周边。次高风险区多在余杭西北部黄湖镇和径山镇周边、临安城区、於潜镇和乐平、富阳沿富春江河道、桐庐印渚镇、分水镇、瑶琳镇和横村镇周边、建德市中部下涯镇、杨村桥镇、梅城镇和南部大慈岩镇周边、淳安县富文和汾口镇等地。中等风险区主要分布于临安东北部和中北部地区、淳安东北部以及富阳南部等地区。低风险区主要集中于高山丘陵区域,如临安北部和西北部、淳安千岛湖西南部和西北部区域、建德北部以及桐庐南部等丘陵山地。

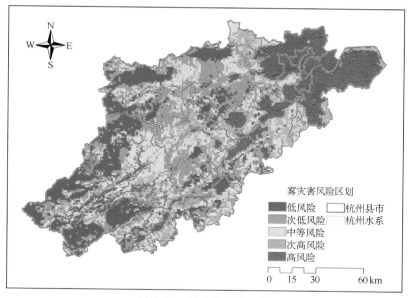

图 7.26　雾灾害风险区划

　　杭州市霾灾害综合风险区划(图 7.27)。霾灾害高风险区主要集中于杭州东部,涵盖杭州市区、余杭区和萧山。此外,建德市南部寿昌盆地也是霾灾高风险区域。次高危险区多在临安市区以东、富阳东部和西部、桐庐东部、建德市中南部以及千岛湖区域。中等风险区分布于河谷盆地,如余杭西部黄湖镇、瓶窑镇一带、临安东部太阳镇和昌化镇等、建德新安江流域及其以南大部分地区以及淳安千岛湖周边。次低风险和低风险区域位于较高海拔区域,如临安西北部、淳安北部和南部、间的东南部、桐庐南部等。

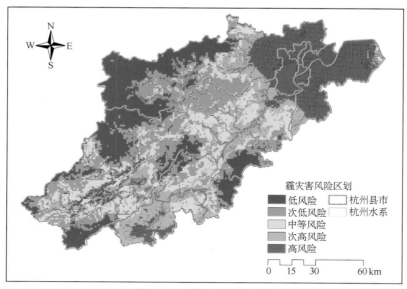

图 7.27　霾灾害风险区划

　　杭州市雾霾灾害综合风险区划(图 7.28)。雾霾灾害高风险区域主要集中于杭州东部,特别是市区、萧山区的大部分地区、余杭区余杭镇、瓶窑镇和仁和镇一带、临安城区、富阳沿富春江河谷及其东北部、桐庐县中东部、建德寿昌镇和上马一带。次高危险区多沿河谷盆地分布,集中于余杭的西北部黄湖镇、径山镇、鸬鸟镇和高虹镇、临安东北部太湖源镇与河桥镇一带、桐庐分水江流域、建德西南部李家镇、石屏、童家、航头镇和大慈岩镇周边以及淳安千岛湖附近。中等危险区范围较次高危险区范围稍大,但也多在河谷盆地分布,如淳安千岛湖西部的汾口镇、郭村、墩头、杨家坞口和中州镇一带。次低危险区和低危险区多在海拔较高区域,如临安西南部和北部、淳安东北部和千岛湖南部一带、桐庐的南部等地区。

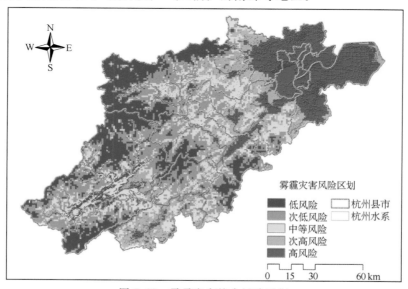

图 7.28　雾霾灾害综合风险区划

参 考 文 献

陈芳.2000.杭州市城区冬季大雾频发的原因及防治对策.环境污染与防治,**22**(4):31-33.

陈继祖.2010.河南省区域干旱灾害风险评估[D].郑州:郑州大学.

陈思蓉.2008.我国强天气时空分布特征及极端事件动力诊断研究.南京信息工程大学硕士学位论文.

陈谓民.2003.雷电学原理[M].气象出版社:1-2.

陈香,陈静.2007.福建雷电灾害风险分布的初步估计[J].自然灾害学报,**16**(3):18-23.

称丛兰,李青春,扈海波,等.2008.北京地区奥运会间大风灾害的定量评估.气象科技,**36**(6):806-810.

大气科学名词审定委员会.1966.大气科学名词,北京:科学出版社,6-12.

丁金才,叶其欣,丁长根.2001.上海地区高温分布的诊断分析[J].应用气象学报,**12**(4):494-499.

丁燕,史培军.2002.雷电灾害的模糊风险评估模型[J].自然灾害学报,**11**(1):34-37.

董文乾.2007.地面电场监测数据在雷暴预报中的应用[J].陕西气象,(1):25-28.

杜榕桓,刘新民,袁建模,等.长江三峡工程库区滑坡与泥石流研究[M].四川科学技术出版社.

杜晓燕.2009.基于信息扩散理论的天津旱涝灾害危险性评估.灾害学,**24**(1)23-25.

范碧航,李宁,张继权,等.2011.城市高温灾害性天气影响分析与危害评估——以长春市为例[J].灾害学,
26(4):93-97.

冯民学,焦雪,韦海容,等.2009.陕西省雷电灾害易损性分析[J].气象科学,**29**(2):246-251.

高菊霞,庞亚峰,任建芳,等.2006.2005年陕西省雷电活动特征及灾害过程分析[J].灾害学,**21**(4):54-57.

高太长,黄子羊,张鹏,等.2006.大气电场资料和雷达回波融合的一种方法[J].解放军理工大学学报,**7**(3):
302-306.

高天赤,方汉杰,马瑞青,等.2002.杭州市高温气候特征分析[J].浙江气象,**23**(2):1-3.

GB50343-2004.建筑物电子信息系统防雷技术规范.

广西壮族自治区气候中心.2007.广西气候[M].北京:气象出版社,90-104.

广西壮族自治区气象局农业气候区划协作组.1988.广西农业气候资源分析与利用[M].北京:气象出版
社,128-135.

郭虎,熊亚军.2008.北京市雷电灾害易损性分析、评估及易损度区划[J].应用气象学报,**19**(1):35-40.

郭文利,王志华,赵新平,等.2004.北京地区优质板栗细网格农业气候区划[J].应用气象学报,(3):
382-384.

杭州市地方志编纂委员会.1995.杭州市志(第一卷)(自然环境篇).杭州:中华书局,253.

何丽萍.2004.金华短时暴雨特征分析.浙江气象[J],**25**(1):16-19,36.

何燕,李政,廖雪萍.2007.基于GIS的巴西陆稻IAPAR——9种植气候区划研究[J].应用气象学报,**18**
(2)219-2241.

扈海波,潘进军.第28届中国气象学会年会——S10公共气象服务政策体制机制和学科建设.

扈海波,王迎春,熊亚军.2010.基于层次分析模型的北京雷电灾害风险评估[J].自然灾害学报,**19**(1):
104-109.

黄波,徐冠华,阎守邕.1996.GIS中空间模糊叠加模型的设计[J].测绘学报,**25**(1):53-56.

黄崇福,王家鼎.1995.模糊信息优化处理技术及其应用.北京航空航天大学出版社.

黄崇福.2005.自然灾害风险评价理论与实践[M].北京:科学出版社,96-98.

黄大鹏. 2007. 洪灾风险评价与区划研究进展. 地理科学进展,**26**(4).

黄红兵,陈霞,庞双双. 2000. 太平机场雷暴分析预报[J]. 气象科技,**28**(3):31-35.

黄妙芬,邢旭峰,王培娟,等. 2006. 利用 LANDSAT/TM 热红外通道反演地表温度的三种方法比较[J]. 干旱区地理,**29**(1):132-137.

黄世成,周嘉陵,程婷,等. 2009. 工程区台风大风灾害评估方法的研究与应用[J]. 防灾减灾工程学报,**29**(3):329-335.

姜逢清,朱诚,胡汝骥. 2002. 新疆 1950—1997 年洪旱灾害的统计与分形特征分析[J]. 自然灾害学报,**11**(4):96-100.

金志凤,尚华勤. 2003. GIS 技术在常山县胡柚种植气候区划中的应用 [J]. 农业工程学报,**19**(3):153-155.

李彩莲,赵西社,等. 2008. 江苏省雷电分布特征分析、评估及易损度区划. 灾害学,**23**(4):49-53.

李德仁,李清泉. 1999. 地球空间信息学与数字地球[J]. 地球科学进展,**14**(6):535-540.

李慧琳,高松影,韩卫东,等. 2011. 2009 年丹东罕见伏旱天气事实及成因分析[J]. 气象与环境学报,**27**(5):54-57.

李吉顺,冯强,王昂生. 1996. 我国暴雨洪涝灾害的危险性评估[A]. 见:85－906－09 课题组编. 台风,暴雨预报警报系统和减灾研究[C]. 北京:气象出版社.

李家启,王劲松,廖瑞金,等. 2011. 重庆库区地貌 1999—2008 雷电流幅值频率分布特征[J]. 高电压技术,**37**(5):1123-1127.

李京,蒋卫国. 2007. 基于 GIS 多源栅格数据的模糊综合评价模型[J]. 中国图象图形学报,**12**(8):1446-1450.

李兰,周月华,陈波. 2009. 湖北省大风灾害及其风险度[J]. 气象科技,**37**(2):205-209.

李庆祥,李伟,鞠晓慧. 2006. 1998 年以来中国气温持续极端偏暖的事实[J]. 科技导报,**24**(4):37-40.

李世奎. 1999. 中国农业气象灾害风险评价与对策[M]. 北京:气象出版社,59-66.

李新艳. 2004. 城市高温灾害分析及预防对策[J]. 固原师专学报,**25**(6):79-84.

李亚春,孙涵,徐萌. 2000. 气象卫星在雾的遥感监测中的应用与存在的问题. 遥感技术与应用,**15**(4):223-227.

廖顺宝,李泽辉. 2003. 基于人口分布与土地利用关系的人口数据空间化研究[J]. 自然资源学报,**18**(6):659-665.

廖顺宝,孙久林. 2003. 基于 GIS 的青藏高原人口统计数据空间化[J]. 地理学报,**58**(1):25-33.

刘布春,王石立,庄立伟,等. 2003. 基于东北玉米区域动力模型的低温冷害预报应用研究[J]. 应用气象学报,(5):617-625.

刘和平,代佩玲. 2008. 河南大风灾害分布特征及成因分析[J]. 气象与环境科学,**31**(S):135-137.

刘兰芳,刘盛和,刘沛林,等. 2002. 湖南省农业旱灾脆弱性综合分析与定量评价[J]. 自然灾害学报,**11**(4):78-83.

刘荣花. 2008. 河南冬小麦干旱风险分析与评估技术研究[D]. 南京:南京信息工程大学.

刘引鸽,缪启龙,高庆九. 2005. 基于信息扩散理论的气象灾害风险评价方法. 气象科学.

刘悦,王家鼎. 2000. 黄土湿陷性评价中的模糊信息优化处理方法. 西北大学学报,**30**(1):78-82.

刘正广. 2007. 空间尺度与人口分布问题研究[D]. 兰州:兰州大学人文地理学.

鲁旭,严卫,王睿. 2009. 气象灾害系统组成及评估理论体系探讨[J]. 防灾科学院学报,**11**(3):88-90.

马定国,刘影,陈洁,等. 2007. 鄱阳湖区洪灾风险与农户脆弱性分析[J]. 地理学报,**62**(3):321-332.

马国欣,薛永祺,李高丰. 2008. 珠江三角洲地区的灰霾监控与卫星遥感. 科技导报,**26**(16):72-76.

孟青. 2005. 地面电场资料在雷电预警技术中的应用[J]. 气象,**31**(9):30-33.

庞文保,李建科,宋鸿,等.2011.陕西省高温气象风险区划及其防御[J].陕西气象,(2):47-48.

彭广,刘立成,刘敏,等.2003.洪涝[M].北京:气象出版社,15-22.

普布次仁·拉巴,普布卓玛.2007.基于GIS的我区大风灾害发生频数和时空特征分析[J].西藏科技,(5):66-67.

任鲁川.2000.灾害熵:概念引入及应用案例[J].自然灾害学报,9(2):26-31.

商彦蕊,史培军.1998.人为因素在农业旱灾形成过程中所起作用的探讨——以河北省旱灾脆弱性研究为例[J].自然灾害学报,7(4):35-43.

史培军.1991.论灾害研究的理论与实践[J].南京大学学报(自然科学版),11:37-42.

史培军.1996.再论灾害研究的理论与实践[J].自然灾害学报,5(4):6-17.

孙建军,成颖.2005.定量分析方法[M]南京:南京大学出版社.

孙玉亭,王书裕,杨永岐.1983.东北地区作物冷害的研究[J].气象学报,41(3):313-321.

谈建国,殷鹤宝,林松柏,等.2002.上海热浪与健康监测预警系统[J].应用气象学报,13(3):356-363.

汤奇成,李秀云.1997.中国洪涝灾害的初步研究[A].刘昌明主编.第六次全国水文学会议论文集[C].北京:科学出版社.

唐川,朱静.2005.基于GIS的山洪灾害风险区划[J].地理学报,60(1):87-94.

王春乙,李玉中,舒立福,等.2007.重大农业气象灾害研究进展[M]北京:气象出版社,30-35.

王春乙,毛飞.2000.东北地区低温冷害的分布特征[J].自然灾害学报,(2),216-222.

王国华,缪启龙,宋健,等.2012.杭州市气象灾害风险区划(上册)[M].北京:气象出版社.

王晖,陈丽,陈垦,等.2007.多指标综合评价方法及权重系数的选择[J].广东药学院学报,23(5):583-589.

王慧,邓勇,等.2007.云南省雷电灾害易损性分析及区划[J].气象,33(12):83-87.

王连喜,秦其明,张晓煜.2003.水稻低温冷害遥感监测技术与方法进展[J].气象,(10):3-7.

王明洁,张小丽,朱小雅,等.2007.1953—2005年深圳灾害性天气气候事件的变化[J].气候变化研究进展,3(6):350-355.

王秋香,李红军.2003.新疆近20 a风灾研究.中国沙漠,23(5):546-548.

王胜,田红,谢五三.2012.基于GIS技术的台风灾害风险区划研究[J].中国农业大学学报,17(1):161-166.

王新洲,史文中,王树良.2003.模糊空间信息处理[M].武汉大学出版社,2003.

王迎春,郑大玮,李青春.2009.城市气象灾害[M].气象出版社.

王裕锴.1995.近代杭州气候变化特征及展望.浙江气象科技,16(1):13-16.

温克刚.2006.中国气象灾害大典[M].北京:气象出版社.

邬伦,刘瑜,张晶,等.2001.地理信息系统原理方法和应用[M].北京:科学出版社,324-326.

吴兑,邓雪娇,毕雪岩,等.2007.都市霾与雾的区分及粤港澳的灰霾天气观测预报预警标准.广东气象,29(2):5-10.

吴兑,邓雪娇,毕雪岩,等.2007.细粒子污染形成灰霾天气导致广州地区能见度下降.热带气象学报,23(1):1-6.

吴兑.2004.霾与雾的区别和灰霾天气预警建议.广东气象,(4):1-4.

吴兑.2006.再论相对湿度对区别都市霾与雾(轻雾)的意义.(1):9-13.

吴红华,等.2004.大风重现期的风险分析[J].自然灾害学报,13(6):63-69.

袭祝香,马树庆,王琪.2003.东北地区低温冷害风险评估及区划[J].自然灾害学报,(2):98-102.

谢炳庚,李晓青.2002.基于栅格空间信息定量化的湖南西部地区生态环境综合评价[J].冰川冻土,24(4):438-443.

徐金芳,邓振镛,陈敏. 2009. 中国高温热浪危害特征的研究综述[J]. 干旱气象,**27**(2):163-167.

徐祥德,王馥棠,萧永生,等. 2002. 农业气象防灾调控工程与技术系统[M]. 北京:气象出版社,60-92.

许飞琼. 1998. 灾害统计学[M]. 长沙:湖南人民出版社.

许树柏. 1988. 层次分析法原理[M]. 天津:天津大学出版社.

薛根元,冯国标,何凤翩,等. 2004. 闪电监测定位系统及其应用[J]. 气象科技,**32**(4):274-277.

严银春. 2006. 江西省雷电灾害易损性分析及区划[J]. 江西科学,**24**(2):131-135.

杨红龙,许吟隆,陶生才,等. 2010. 高温热浪脆弱性与适应性研究进展[J]. 科技导报,**28**(19):98-02.

杨岚,魏鸣,徐永明. 2008. 长江三角洲雾的 MODIS 遥感监测. 科技创新导报,(15):1.

杨龙,何清. 2005. 新疆近 3 年大风灾害灾度分析与区划[J]. 灾害学,**20**(4):83-86.

杨秋珍,徐明,李军. 2010. 对气象致灾因子危险度诊断方法的探讨[J]. 气象学报,**68**(2):277-284.

杨仕升. 1996. 自然灾害不同灾情的比较方法探讨[J]. 灾害学,**11**(4):35-38.

杨仕升. 1996. 自然灾害不同灾情的比较方法探讨[J]. 灾害学,**11**(4):35-38.

仪垂详,史培军. 1995. 自然灾害系统模型:理论部分[J]. 自然灾害学报,**4**(3):6-8.

尹丽云,许迎杰,张腾飞,等. 2007. 云南雷暴的时空分布特征分析[J]. 灾害学,**22**(2):87-92.

应冬梅,许爱华,黄祖辉. 2007. 江西冰雹、大风与短时强降水的多普勒雷电产品的对比分析. 气象,**33**(3):44-53.

于庆东,沈荣芳. 1996. 灾害经济损失评估理论与方法探讨[J]. 灾害学,**11**(2):10-14.

虞强源,刘大有,王生生. 2004. 一种栅格图层的模糊叠置分析模型[J]. 中国图象图形学报,**9**(7):832-836.

虞强源,刘大有,王生生. 2004. 一种栅格图层的模糊叠置分析模型[J]. 中国图象图形学报,**9**(7):832-836.

袁湘玲,纪华,程琳. 2010. 基于层次分析模型的黑龙江省雷电灾害风险区划[J]. 暴雨灾害,**29**(3):279-283.

翟永梅,韩新,沈祖炎. 2002. 国内外大城市防灾减灾管理模式的比较研究. 灾害学,**17**(1):62-69.

张超,万庆,张继权,等. 2003. 基于格网数据的洪水灾害风险评估方法——以日本新川洪灾为例[J]. 地球信息科学,**5**(4):69-73.

张继权,李宁. 2007. 主要气象灾害风险评价与管理的数量化方法及其应用[M]. 北京师范大学出版社.

张丽娟,陈红,高玉宏,等. 2011. 黑龙江省大风分布特征及风险区划研究[J]. 地理科学进展,**30**(7):899-905.

张丽娟,郑红,周嘉,等. 2005. 哈尔滨市沙尘暴发生规律与成因分析. 自然灾害学报,**14**(2):41-46.

张尚印,王守荣,张永山,等. 2004. 我国东部主要城市夏季高温气候特征及预测[J]. 热带气象学报,**20**(6):750-760.

张尚印,张德宽,徐祥德,等. 2005. 长江中下游夏季高温灾害机理及预测[J]. 南京气象学院学报,**28**(6):840-846.

张尚印,张海东,徐祥德. 2005. 我国东部三市夏季高温气候特征及原因分析[J]. 高原气象,**24**(5):829-835.

张书娟,尹占娥,刘耀龙,等. 2011. 基于 GIS 的华东地区高温灾害危险性分析[J]. 灾害学,**26**(2):59-65.

张霞,王新敏,王全周,等. 2010. 郑州雷电发生的环境场特征及潜势预报[J]. 气象,**36**(6):95-100.

张永恒,范广洲. 2009. 浙江省雷电灾害影响评估模型[J]. 应用气象学报,**20**(6):772-776.

张玉龙,等. 2007. 云南省山洪灾害临界雨量空间插值分析方法研究[J]. 云南农业大学学报,**22**(04).

张志强. 2001. 森林植被影响径流形成机制研究进展[J]. 自然资源学报,**1**:79-83.

浙江省地质矿产局. 1989. 浙江省区域地质志[M]. 北京:地质出版社,499-526.

周成虎,万庆. 2000. 基于 GIS 的洪水灾害风险区划研究[J]. 地理学报,**55**(1):15-24.

周后福,郑媛媛,李耀东,等. 2009. 强对流天气的诊断模拟及其预报应用,1.

周后福,郑媛媛,李耀东,等. 2009. 强对流天气的诊断模拟及其预报应用,1.

周厚云,郭国章. 2000. 华南沿海明代自然灾害的时间序列分析Ⅱ. 混沌分析[J]. 热带海洋,**19**(4):77-81.

朱明,管振云,范少俊,等. 1995. 杭州市大雾天气形势特征分析. 浙江气象,**16**(1):12,20,36-37.

朱乾根,林锦瑞,寿绍文,等. 1992. 天气学原理和方法. 北京:气象出版社,568,631.

Adrianto L,Matsuda Y. 2002. Developing economic vulnerabili-ty indices of environmental disasters in small island re-gions. *Environmental Impact Assessment Review*,**22**(4):381-401.

Blaikei P,Cannon T,Davisi,*et al*. 1994. Risk:Natural hazard,people vulnerability and Disasters [M]. London:Routledge,147-167.

Bonham-Carter G F,Agterberg F P,Wright D F. 1989. Weights of evidence modeling:A new approach to mapping mineral potential. Statistical Applications in the Earth Sciences.

Carter D A. 2002. A worst case methodology for obtaining a rough but rapid indication of the societal risk from a major accident hazard installation[J]. *J. Hazard Mater.*,(92):223-237.

Carter D A. 1995. The Scaled Risk Integral-A Simple Numerical Representation of Case Societal Risk for Land Use Planning in the Vicinity of Major Accident Hazards,Loss Prevention in the Process Industries,vol II [M]. *Amsterdam:Elsevier*.

Dhakal A S,Amada T,Aniya M. 1999. Landslide hazard mapping and the application of GIS in the Kulekhani watershed, Nepal[J]. *Mountain Research and Development*,**19**(1):3-16.

Gao X,Zhao Z,Giorgi F. 2002. Changes of extreme events in regional climate simulations over East Asia [J]. *Advances in Atmospheric Sciences*,**19**(5):927-942.

Gerardo Benito,Michel Lang,Mariano Barriendos,*et al*. 2004. Use of Systematic,Palaeoflood and Historical Data for the Improvement of Flood Risk. Estimation Review of Scientific Methods. *Natural Hazards*, (31):623-643.

HoriI T,Zhang J Q,Tatano H,*et al*. 2002. Micro-zonation-based flood risk assessment in urbanized floodplain [C]//*Proceedings of the Second An-nual IIASA-DPRI Meeting Integrated Disaster Risk Management*, (1):120-126.

Huang Chongfu,Da Ruan. 1996. Fuzzy Logic Foundations and Industrial Applications,(Kluwer Academic Publishers,U. S. A.),165-198.

Huang Chongfu,Da Ruan. 1996. Information diffusion principle and application in fuzzy neuron. In:Da Ruan,Ed. ,Fuzzy Logic Foundations and Industrial Applications,(Kluwer Academic Publishers,U. S. A.), 165-198.

IPCC. 1995. Climate Change 1995. Adaptations and mitigation of climate. Cambrige Universyity Press,1-2.

IPCC. 2007. Summary for Policymakers of climat change 2007:the physical seience basis. Contribution of Working Group I to the fourth assessment report of the Iniergovemmental Panel on Climate Change[M]. Cambridge:Cambridge University Press,(in press).

Katz R W. 2002. Stochastic modeling of hurricane damage. *Journal of Applied Meteorology*,**41**(7): 754-762.

Khanduri A C,Morrow G C. 2003. Vulnerability of buildings towindstorms and insurance loss estimation. *Journal of Wind Engineering and Industrial Aerodynamics*,(91):455-467.

Lee B E,Wills J. 2002. Vulnerability of fully glazed high-risebuildings in tropical cyclones. *Journal of Architectural Engineering*,**8**(2):42-48.

Li Y,Ellingwood B R. 2006. Hurricane damage to residentialconstruction in the US:Importance of uncertainty model-ing in risk assessment. *Engineering Structure*, **28**(7):1009-1018.

Navarro M M, Wohl E E, Qaks S D. 1994. Geological hazards, vulnerability, and risk assessment using GIS: model for Glenwood Springs, Colorado[J]. *Geomorphology*, **10**:331-354.

Onodera T, Yoshinaka R, Kazama H. 1974. Slope failures caused by heavy rainfall in Japan[C]. Proceedings of the 2nd International Congress of the International Association of Engineering Geology. Sao Paulo, Brazil, 1-10.

Patz J A, Khaliq M. 2002. Global Climat change and Health: Challenges for Future Practitioners. *JAMA*, **287**: 2283-84.

Piers M. 1998. Methods and models for the assessment of third party risk due tot aircraft accidents in the vicinity of airports and their implications for societal risk[A]. In: Jorissen R E and Stallen PJ M, eds. Quantified Societal Risk and Policy Making[C]. Dor-drecht: Kluwer Academic Publishers.

Salomonson V V. 2004. Appel I. Estimating fractional snow cover from MODIS using the normalized difference snow index. *Remote Sensing of Environment*, **89**(3):351-360.

Willam J. petak, Arthur A. 1982. Atkisson. Natural hazard risk assessment and public policy: anticipating the unexpected [M]. Springer-Verlag.

Yang H, Xu Y, Zhang L, *et al*. 2010. Projected change in heat waves over China using the PRECIS climate model [J]. *Climate Research*, **42**:79-88.

Zeng H C, Talkkari A, Peltola H, *et al*. 2007. A GIS-based deci-sion support system for risk assessment of wind damagein forest management. *Environmental Modelling & Soft-ware*, **22**(9):1240-1249.

Zhang Jiquan. 2004. Risk assessment of drought disaster in the maizegrowing region of Songliao Plain, China [J]. *Agriculture Ecosystems & Environment*, **102**(2):133-153. Zhang J Q, Hori T, Tatano H, *et al*. 2003. GIS and flood inundation model-based flood risk assessment in urbanized floodplain [M]. Sun Yat-Sen University Press:92-99.

Zhang Y, Xu Y, Dong W, *et al*. 2006. A future climate scenario of regional changes in extreme climate events over China using the PRECIS climate model[J]. *Geophysical Research Letters*, **33**:L24702, doi:10. 1029/2006GL027229.